不完全吸猫手册

彭 彭 燕十三 著

遇见了你，温柔了时光

上海科学普及出版社

遇见你，温柔了时光

用懂你的方式去爱你，最深情，不过一辈子相伴。

当云吸猫已经不能满足你，

当你准备或已经和喵星人签订卖身契，

你知道会遇到怎样的难题和挑战，

收获怎样的温暖与幸福吗？

目 录

遇见你，温柔了时光

第一章 铲屎官应聘须知

第二章 九命猫，脆弱又坚强

第三章　好喵养成记

第四章 特殊时期养护指南

第五章 特别篇

第一章 铲屎官应聘须知

选主日志——猫的种类和个性

第一次养猫怎么选

公猫和母猫的区别

公猫

母猫

1.公猫更容易发腮。发腮，就是猫咪的腮部与颈部出现垂肉。发腮后猫咪的脸会显得圆圆肥肥的。

2.公猫比母猫更便宜。当你去买猫时，你会发现，在同样的品种和品相里，公猫会比母猫便宜些。

3.公猫绝育更便宜，且术后更好照顾。

4.通常公猫更爱撒娇。

5.公猫在发情的时候会到处撒尿，性格变暴躁。

6.公猫相对来说更顽皮。

1.母猫长得更水灵。

2.公猫普遍比母猫大上一圈，力气也会更大一些。因此，若想找一只抓你不咋疼的猫咪的话，那还是选一只母猫吧！

3.母猫在处事上比较冷静，很会交朋友，不过对一切都抱有一定的警戒心，尤其是在怀孕期间，警戒心会达到最大。

4.母猫发情的时候喜欢打滚求主人抚摸，会变得爱“嗷嗷”叫。

幼猫和成猫

幼猫

萌萌的小猫很容易俘获主人的心。对第一个家庭及其铲屎官的印象比较浅，一般1周后就可以熟悉新的环境，容易适应新的家庭和新的主人。

铲屎官要花更多时间来照料和训练小猫，比如训练小猫用便盆、按时给小猫喂食。

小猫生了病，护理会比较麻烦。比如小猫到新家的应激反应（见P.15），不吃不喝、抵抗力弱、长猫癣、拉肚子、呕吐等，很多新家长三天两头去宠物医院是难免的。如果铲屎官遇到不良商家，买的是病猫或者小猫没有打齐疫苗得了致命的传染病，治疗费用是很大一笔支出。如是这种情况，小猫往往是无法治疗成功，铲屎官只能看着小猫死掉。

TIPS

如果要买猫，一定要找正规的宠物店，正规猫舍的老板会跟你签定一个月内保证猫不会有猫瘟、猫鼻支等传染病的合同，并提供终身咨询服务。这个咨询服务很重要，可以帮你规避很多不良宠物医院的坑。

成年猫

成年猫一般体格健壮，极少生病。正常来说，它们已经注射了预防传染病的疫苗，身体健康状况可以得到保证。而且它的独立生活能力比小猫强，不需要特别的照顾，也不用教那些它已经掌握的本领，比较省心。如果铲屎官对猫的颜值有所要求，成年猫的颜值已稳定，它的发腮情况和骨架大小已经定型，不用担心小猫长大后会不是自己想要的样子。

但成年猫在以前的环境中生活习惯了，较难适应新环境，而且对新主人可能很难亲近。因此，成年猫换到新环境后的头几个月，不能随意让它跑出户外，以防外出后找不到家或重新回到原来的家。至于要跟猫培养感情，就真的很需要耐心。你如果真的有耐心，相信它会慢慢地接受你，也会化身一个黏人的小妖精。

如果上学或者工作比较忙，养一只成年猫是不错的选择，省去把猫从小养大这个过程中的麻烦。

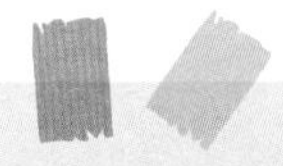

TIPS

猫的性格多变，不能完全按公母、年龄来分辨猫的性格。购买猫的时候多观察猫的习性，选择和自己气场合拍的猫养起来更省心省力哦。

常见猫的种类

苏格兰折耳猫

苏格兰折耳猫体型浑圆，性格平和温柔，是很受欢迎的猫品种，也是比较特殊的猫种。由于基因的变异，它的耳朵会出现折耳的特征，这是一种天生的骨科疾病。所以折耳猫时常用坐立的姿势来缓解痛苦。同时折耳猫患呼吸系统疾病和心脏病的概率较一般的猫高些，生命周期一般较短，饲养之前需要慎重考虑。

价格：★★★★★

新手入门难度：★★★★★

波斯猫

波斯猫体型圆胖，头大而圆，整个脸平平的，看上去憨态可掬。波斯猫是长毛猫的一种，全身有丝般柔顺和光泽的长毛，尾巴短，身材对称，气质高贵，故有“猫中王子”“王妃”之称，是世界上爱猫者最喜欢的一种纯种猫。

如果你养了一只波斯猫，那么你一定会发现它们总是一副处变不惊、温文尔雅的模样。除此之外，它们走路似乎也比其他猫更轻盈，叫声也更甜美。

但养波斯猫需要经常帮它梳理毛发，不然很容易打结。而且波斯猫既怕冷又怕热，肠胃也不太好。总之，是一种需要主人花更多精力照顾的品种。

价格：★★★★★

新手入门难度：★★★★★

美国短毛猫

美国短毛猫俗称美短，它的毛色有30多种，根据毛色分为美短银虎斑、美短棕虎斑等。

美国短毛猫体格强健、身材匀称、聪明活泼、平衡力良好，是比较贪吃的大胃王品种。在训化前，美国短毛猫喜欢猎捕活动物体，导致驯化的它由于相对缺乏运动容易发胖，或出现一些健康问题。因此，美国短毛猫需要合理膳食，均衡营养，加强锻炼，铲屎官要多陪它运动玩耍。

价格：★★★★★

新手入门难度：★★★★★

加菲猫

加菲猫一般指异国短毛猫，是美国短毛猫和波斯猫交配繁育出的品种。它不仅拥有浓密的皮毛，还拥有可爱的五官以及圆滚滚的体型，性格独立，不爱吵闹。加菲猫偶尔也会像其他种类的猫一样顽皮，但因为它懒的特性，顽皮比较耗费力气，所以只会偶尔顽皮。如果铲屎官想常和猫咪互动，那就不要指望加菲猫了。也因为懒，加菲猫基本不具有攻击性。

价格：★★★★★

新手入门难度：★★★★★

TIPS

加菲猫照养起来有几点需要注意，圆脸的加菲猫需要用特殊的餐具，不然很可能会因为长期的食物残渣出现“黑下巴”。加菲猫也是个泪痕大户，养了它的铲屎官要做好时刻清理眼睛的准备。

英国短毛猫

英国短毛猫俗称英短，以圆脸短腿著称，体形圆胖，毛短而密，看上去非常呆萌。英短可以根据毛色分为蓝猫、蓝白猫、金渐层、银渐层、银点、乳白色、纯白色等。

英短大部分胆大好奇，比较温柔。但体质易胖，因此铲屎官需要注意控制猫每日食物的摄入量。

价格：★★★★★

新手入门难度：★★★★★

无毛猫

无毛猫一般指加拿大无毛猫，亦称斯芬克斯猫，是自然基因突变的成果。对于一些人而言，无毛猫是非常奇特、可爱的猫，但对于另外一些人而言，这也是他们完全没法接受的猫。这种猫除了在耳、口、鼻、脚、尾前段等部位有些又薄又软的胎毛外，其他部位均无毛，皮肤多皱有弹性。

无毛猫性情温顺，独立性强，无攻击性，能与其他猫狗相处。因为没有大量毛发保暖，无毛猫很怕冷，特别喜欢靠近人，也因此受到不少人的喜欢。

价格：★★★★★

新手入门难度：★★★★★

TIPS

无毛猫的另一个好处就是没有猫毛可掉，完美解决了养猫人家里到处都是猫毛，换季的时候天天吃猫毛拌饭的问题。无毛猫尤其适合对猫毛过敏的爱猫者饲养。

布偶猫

布偶猫是极漂亮的一种猫，蓬松的尾巴，颈部如“围脖”的毛发，这些特点让它看起来十分优雅。布偶猫的毛发属于中长型，但这些毛发质地柔滑，并不会缠连在一起。布偶猫根据毛色分为海豹色、蓝色、巧克力色、丁香色、红色、奶油色……

布偶猫性格温顺而好静，对人非常友善，忍耐性强，因而常被误认为缺乏疼痛感。虽然布偶猫不喜欢独处，却也不能忍受太过喧闹的环境。

价格：★★★★★

新手入门难度：★★★★★

暹罗猫

暹罗猫是世界上著名的短毛猫。这种猫咪有一种贵族的气质，但它的脸太黑了，也被人称为“挖煤猫”。暹罗猫身材苗条、肌肉发达，因此有另一个外号“健美猫”。暹罗猫毛短，毛色会随着温度的变化而变化，从而防寒保暖。

暹罗猫好奇心特强，善解人意，喜欢亲近主人，渴望得到陪伴与关怀。

价格：★★★★★

新手入门难度：★★★★★

中华田园猫

中华田园猫是中国本土家猫的统称，是国内最常见的猫咪品种。它们大多是杂交而成，因此基因上并无缺陷，身体倍棒，容易饲养，在适应能力和智商上都是猫中的佼佼者。它们天性比较喜欢野外的散养生活，野性十足，生命力顽强。同时，它们对于铲屎官十分忠诚，不需要特别的关心和照顾，独断独行，特别适合没有过猫咪饲养经验的人。

价格: ★★★★★

新手入门难度: ★★★★★

TIPS

中华田园猫的花色繁多，狸花、黑、白、橘、奶牛、玳瑁……下面给大家介绍5种常见的中华田园猫类型。

奶牛猫

一提到奶牛猫，很多人第一反应就是“猫中二哈”，神经质的代表，性格活泼，精力旺盛，喜欢奔跑。它喜欢玩耍，也喜欢跟铲屎官玩。奶牛猫时常不按套路出牌，是猫界的搞笑大师，但也因为活泼，时不时会留下一片战场给铲屎官收拾。

“玄”是指带有红色的黑色，玄猫也就是人们常说的毛色为黑中带红的中华田园猫，但现在玄猫大多泛指毛发都是黑色的猫。

跟西方文化不同，黑猫在中国古代象征着吉祥。古时候人们认为黑猫能够辟邪，妖魔鬼怪不敢靠近，还能为铲屎官带来吉祥。因此很多古代的富贵人家都会养一只黑猫，或者会有摆放黑猫饰品的习惯。

玄猫

狸花猫很漂亮，长得像小老虎，霸气侧漏。狸花猫适应能力超强，极容易饲养，作为中华田园猫的代表，它动作矫捷，拥有出色的捕鼠业务能力。

狸花猫

黄狸猫俗称橘猫，全身的毛发是纯黄斑纹的，它也是狸花猫的一种。俗话说：“十只橘猫九只胖，还有一个压倒炕。”它们绝对是猫中的大胃王！因此，饲养橘猫一定要控制猫的饮食，并注意它们的健康。

狮子猫

三花猫

狮子猫起源于我国山东，气质高贵，毛发非常蓬松。它的毛发非常长，尤其是它的颈部，看上去跟狮子非常相似，所以被命名为狮子猫。依照毛色，狮子猫可分为白狮猫、黑狮猫、鞭打绣球猫、花狮猫四种。常见的白狮猫分为两种，长毛猫和短毛猫。常有人会把长毛狮子猫认为是波斯猫。白狮猫的眼睛又分鸳鸯眼(即一只黄色一只蓝色）、双蓝眼、双黄眼三种，以鸳鸯眼最为珍贵。

狮子猫性格恬静可爱，温顺宜人，对人类诚实友好，爱干净，很容易得到铲屎官的宠爱，还是个捕鼠的小能手。

三花猫的背毛由黑、红、白三种颜色组成。三花猫的颜色由基因决定，正常情况下三花猫基本都是母猫。但也存在一少部分基因突变的公猫有三花色，不过它们一般都存在生殖缺陷。

三花猫性格温顺、懂事。由于多是母猫的缘故，所以三花猫也比较黏人。如果你喜欢黏人一点的猫，可以选择这个品种来饲养。

最早的猫从哪里来

最早的猫科动物为生活于500万年前的原猫。而家猫的祖先,可能是欧洲野猫、非洲野猫和亚洲野猫等。这些小型野猫的后裔根据当地的环境和气候条件，演变出无数个野猫亚种群。它们的外观不尽相同，生活在北方的欧洲野猫身材粗壮，短耳，厚皮毛；非洲野猫的身材更修长，长耳，长腿；而生活在南方的亚洲野猫则身材小巧，身上带斑点。它们经常出没在人类住地附近，很容易被驯化，往往作为当地居民的宠物来饲养。驯化后的猫被带到世界各地后，可能与当地野猫相互交配，成为不同地区现代家猫的祖先。

猫的亲戚们都有谁

猫科动物是猫形类中分布最广且是唯一现代可见于新大陆的一科，其中包括一些人们最熟悉，最引人注目的动物。猫、老虎、狮子、豹子、猞猁等动物都是猫科动物，而最大的纯种猫科动物是西伯利亚虎。

薮猫

老虎

猎豹

狮子

花豹

迎接新猫咪回家

准备工作：给它一个安全的家

①猫咪非常爱玩电线，尽量收纳好电线，以免咬坏或发生事故。

②买个带盖的垃圾桶避免猫咪吞食异物。

③住在高层的铲屎官最好用金属网格满封阳台，窗户建议用金钢网的纱窗。

“好奇害死猫”，猫对外界的一切事物都有着强烈的好奇心，窗外飞过的一只鸟，甚至是一只小飞虫都会让它兴奋。如果没有封窗，猫的狩猎本能可能会驱使它奋不顾身地扑向窗外导致坠楼。猫发情时受到生理激素的影响，也会忍不住想要往外面跑。

新到家的猫咪，对于陌生环境会感到不安，容易有应激反应，会找个自己认为安全的角落躲起来。

刚到家，开始“躲猫猫”游戏

猫咪应激反应

猫咪的应激反应，是指猫咪意外地受到了来自外界的刺激，进入过度自我防御的紧张状态，对外界的人或物过度反应。

别看猫咪上得了房梁、杀得了蟑螂、抓得了老鼠，还打得了狗子，一副“彪悍猫生”的样子，其实十分敏感胆小。能刺激到猫的因素有很多，带出门洗澡、美容、打疫苗，看病，坐车，家里来了陌生人，看到陌生的动物……这些都可能引起猫咪的应激反应。

猫咪过度的紧张不仅对人身安全造成威胁，更可怕的是对猫咪自身造成很大的伤害。应激会造成猫咪血压升高、血糖升高、白细胞升高。另外原发性应激会继发出现猫的脂肪肝，造成黄疸和肝细胞损失。有些猫还会出现下泌尿道综合征、自我损伤性精神性疾病，等等。

当发现猫咪出现应激反应的征兆时（比如炸毛或者躲起来），尽量不要挪动它，减少食物和水的进食。铲屎官可以通过多陪伴多安抚来缓解，不要把猫咪抛在一边。这期间不要让猫咪再次受到刺激。问题严重时，还需及时就医，以免引发更加严重的疾病。

安全空间

大部分猫咪都有“幽闭安全症”，躲在狭小的地方会让它们感到安心，很多猫咪喜欢纸箱、脸盆、大花盆等刚好可以把它们装进去的容器，也经常会躲在衣柜、抽屉、沙发底、床底、茶几底等狭小空间。因此，摸清猫咪的喜好之后，可以在家里给它们预留出合适的安全空间（有条件的可以购买猫别墅，里面放个带盖的猫窝）。

需要注意的是，应该在关好门窗的室内打开航空箱或者猫包，防止由于猫咪乱跑而找不到它们的情况发生。

把决定权交给猫咪，不要强迫它

在猫咪刚进入新环境时，会因为害怕躲起来或者一直叫，在没有适应新环境之前这都是正常的反应。这个时候铲屎官要做的就是保持安静。在还没有完全得到它的信任之前，我们应该把主动权交给猫咪，让它自己选择睡在哪，想休息时就休息，想跟我们互动时再去跟它玩，尽量不去改变猫咪的生活习惯。

不要频繁地撸刚到新家的猫咪，这会让猫咪受到困扰。尤其是成年猫，它对于打扰自己休息的行为更是反感。铲屎官想和猫咪亲近，可以用投喂零食的方式，等它主动靠近你再轻轻抚摸。不要用强迫、粗暴的方式让它做任何事情，这样做只会产生相反的效果。

在猫咪生活用品和食物的选择上，也尽量选择它之前习惯用的品种或品牌。当它完全适应了新环境之后，再逐步改变它的习惯。

用猫咪之间的礼仪交流

了解猫咪的语言是尽快同它熟悉的有效技能之一，之后的章节里会详细提到。这里要特别提到的一点是：猫只有在威胁对方，用气势让对方敬畏、恐惧，亦或是想要攻击对方时，才会目不转睛地盯着对方！

你会发现，当你温柔地注视猫咪时，它会“羞涩”地看向一边或者把头扭到一边，尽量避开与你对视，这是它们的礼仪，因为它们不想和你发生冲突，希望与你和平相处。

对于新来的猫咪，铲屎官更要注意避免和它对视。如果对视，这会让它对陌生的环境感到更加恐惧。

有猫家庭的和平战略

有“原住喵”后如何引进新猫咪

猫极具领土意识，因此迎接新猫类成员的过程需要技巧和耐心。

第一步：建立安全区域

如果家里原本就有一只“原住喵”，新猫到家应该进行隔离。一旦它们觉得没有一个属于自己的、安全的地方，将会恢复原先的生存模式。你会看到猫恐慌、打架，甚至四处撒尿（以示领地占有权）。

设置一个房间作为新猫的安全区（庇护室），这能使它有时间熟悉新环境（庇护室同样有隔离猫咪，降低疾病传染风险的作用，这是新成员到家很重要的一环），这样也会让“原住喵”觉得它的领土只有一部分被入侵，而不是整个房屋。

第二步：熟悉彼此味道

避免“原住喵”和新猫咪见面，但时不时交换它们的味道，让它们对彼此逐渐熟悉。

拿一个“原住喵”喜欢的、长期待着的垫子（或其他物品），放到新猫的房间内。同样，将沾上了新猫气味的垫子拿出来让“原住喵”熟悉味道。

第三步：新旧见面礼

味道彼此熟悉得差不多的时候，就可以时不时把新猫放出来与“原住喵”见个面了（彻底隔离2周后再进行这样的活动，2周足够让铲屎官知道新成员身体是否健康）。铲屎官要在会面现场，以防发生意外。同时，见面的过程中可以适当给它们一些奖励，最好的方法是给予一些主食或零食。食物是进步的强大动力！

当它们能和平共处时，就可以彻底结束隔离啦。

能和猫共处的宠物

猫咪和狗狗

猫咪和狗狗的组合刚开始容易引起一些矛盾，但相处时间长了就比较和谐了。

两者共处初期参考前面引进新猫咪的方式。同时要给“原住喵”准备几个躲避的地方，比如高高的衣柜、狗狗上不去的猫爬架，以免发生意外。

猫咪和乌龟

这两种宠物一般压根不关心对方。虽然少了一些互动的乐趣，但能保证两种宠物的安全。

猫咪和兔子

很多猫咪和兔子都可以和平共处，但如果想要同时养这两种宠物的话，一些安全措施还是很有必要的。介绍它们认识的时候，主人一定要在旁边看护。一般情况下猫咪会比较好奇，主动和兔子接触，而胆小的兔子会试图逃走。只要它们没有打架，就不会有太大的问题，等兔子习惯了猫咪的存在就好。

猫咪和刺猬

一般情况下，猫咪会对刺猬产生好奇或者表示不喜欢，但不会打架。猫咪对侵犯自己领土的动物容易产生敌意，而刺猬的活动区域非常小，铲屎官要注意不要将刺猬放到猫咪喜欢待的地方。更何况刺猬身上有刺，对猫咪来说有一定的危险，猫咪也不敢贸然进攻。

让家长省心的是，刺猬也可以用猫砂，吃猫粮，消耗品跟猫咪相同。

最好不要和猫一起养的宠物

观赏鱼

雪貂

鼠类

鸟类

铲屎官要出门，猫主子怎么办

寄养（适合出门一周以上）

寄养是很多出远门的铲屎官会选择的方式。寄养分两种。

寄养到宠物店

如果你想寄养在宠物店或附近猫舍，除确保猫咪健康之外，还要考虑猫咪的性格，避免应激反应发生。

另外，寄养地的选择十分重要，问清楚是笼养还是开放式养，咨询寄养处对寄养猫咪的要求，比如：疫苗齐全、身体状态正常。如果什么都不问直接让你交预定费的，就要担心会不会有病猫同住了。

寄养到朋友家

寄养到朋友家要比寄养到宠物店更让人放心一些，至少可以避免交叉感染。如果朋友家有“原住喵”，最好在长期寄养之前，让“原住喵”和自己的猫咪相互熟悉气味。

把猫咪一起带走（适合出门一月以上且有固定地点）

如果想把猫咪带走，那么要认真确定好以下几个问题。

①你的猫咪是否喜欢外出，是否有外出的经历，外出时是否状态平和，有没有过度紧张、害怕的状态。

②出行是否便利。自驾是最适合带猫咪一起出行的一种方式。如果乘坐公共交通出行，铲屎官要考虑所乘交通工具是否允许携带宠物。

大多数猫咪都很宅，不喜欢出门，也有部分猫咪并不排斥出门。在合适的情境带猫咪出行也是一种乐趣。

留在家里（适合出门一周时间内）

对于大多数猫咪来说，留在家里是一个稳妥的选择。留在家里最大的好处就是猫咪对环境很熟悉，不会有突然更换环境带来的应激反应，但是吃饭、喝水、铲屎等问题就扑面而来了。解决好这些问题，铲屎官才可以安心出门哦！

足够的猫粮和饮用水

分别用几个食盆装满猫粮和水，分放在房间的不同地方（可以买好几个陶瓷大碗装）。如果担心猫咪不小心打翻水盆，可以用脸盆接满水，放在房间角落里。

尽可能多的猫砂盆

家里的猫砂盆全部用上，铺好猫砂（用结团快、易除味的猫砂）。多猫家庭还可以用纸箱制作简便的猫砂盆。在纸箱底垫一层保鲜膜，上面装猫砂，多做几个，回来后直接清理掉。

TIPS

自助喂食器有卡粮风险，有些断电后需要重新连接。所以就算有机器喂食喂水，出远门前，记得另外准备几碗猫粮、几大盆水，以防意外。

安全事项

出门前记得把门窗关好，电线、尖锐物等危险物品收纳好，同时放了重要物品的抽屉柜子可以用上安全童锁——防猫之心不可无。可以把一些猫咪玩具，比如毛线球、逗猫棒拿出来，供它们无聊时玩乐。

视频监控＋备用钥匙

可以在房内安装一个摄像头，随时了解猫咪的情况，以应对突发状况。摄像头必须牢牢固定住，不然有可能被猫踢翻。放一把备用钥匙给朋友，发现猫咪有异常或者长时间没出现，可以立刻请人帮忙上门处理。

找人上门帮忙喂养

要是有靠谱的热心好友愿意上门帮忙喂养，记得提醒朋友关门，别不留意把猫咪放出去了。如果朋友没有喂猫的经验，提醒对方别把猫砂当猫粮了……

TIPS

也可以去正规的交易场所，买上门服务，素未谋面的网友就不要指望了。

吞金兽养成攻略

养猫需要多少钱

穷养：每月>60元

猫粮：自制或购买，成本50～1000元。

猫砂：10～100元。

猫便盆：30～25000元，从手动清理，到电动全自动清理……

猫抓板：从家里不要钱的废纸板到10元的纸抓板到……上万块的布艺沙发……

小康生活：每月>150元

猫罐头：30～5000元，从牛肉、鱼肉到鹿肉、兔肉、火鸡肉……

猫玩具：10元的逗猫棒到200元的爬猫架到……无限多。

口腔清理：从50元的牙刷牙膏到上千元的专业洗牙……

护理用品：梳子、沐浴乳、伊丽莎白圈、指甲剪。

猫服装：脸好看，穿什么都好看！

医疗保健：各类营养膏、化毛膏以及维生素片。

为了猫咪的健康，有条件的家庭可以每年带猫去医院体检一次，并注射疫苗。

招财猫越养越富

约会收入：优秀的品种猫配种，根据品种，每次价格从800元到上万元不等。

后代收入：生下来的小猫，根据品种不同，每只500元到上万元不等。

粉丝收入：这种美貌的小猫怎么能不分享给大家，开启云养猫模式！

猫的喂养——猫都吃什么

主食

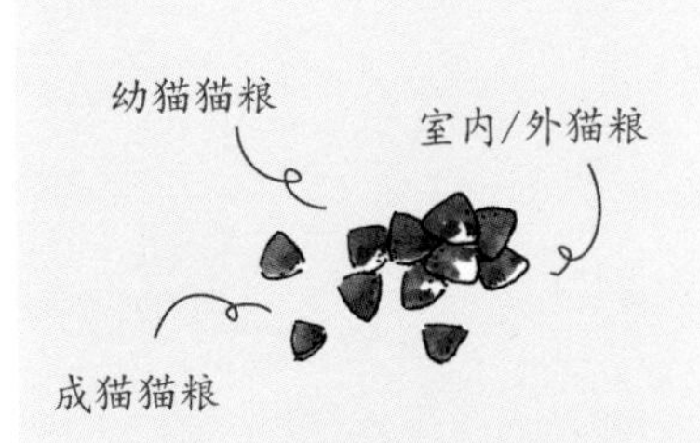

猫粮：猫粮保存时间长，喂养方便，对猫咪牙齿发育较好。缺点是水分较少，有些会添加过多碳水化合物。市面上猫粮品种众多，很多店家会提供各种猫粮的小包装试用，大家可以让猫挑选自己喜欢的口味。

猫粮种类：幼猫猫粮、成猫猫粮、室内/外猫粮等。

冻干：冻干是干燥好的肉块。有些人喜欢将冻干直接喂给猫咪，若为了给不爱喝水的猫咪补充水分，可以将冻干泡水后喂食。

猫罐头：猫咪不爱喝水，每周吃点猫罐头或湿粮当做零食，既利于吸收，也能补充水分。但罐头的热量通常比较高，吃多了容易长胖。比起普通猫粮，罐头里的食物更容易黏附在牙齿上，吃多了容易引起牙齿疾病，要常给猫咪刷牙。

自制猫饭：有时间的朋友也可以自己给猫做饭，不过一定要记得——不要放盐！猫的皮肤上没有汗腺，体内的盐分必须经由肾脏排出体外。如果吃得太咸，会加重肾脏的负荷从而导致肾衰竭。自己给猫做饭，肉的种类要丰富些哦！

零食

奶糕：奶糕质地细腻，易于舔舐，特别适合幼猫以及哺乳期的孕猫。

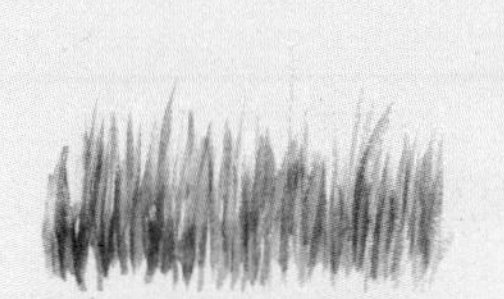

猫草：辅助消化的食物。

羊奶粉：根据猫的情况，如出现腹泻等情况应马上停止。

猫薄荷：少量食用能帮助猫咪稳定情绪，缓解压力。

营养品

常言道：药补不如食补。健康猫咪一般不需要额外补充营养，但处于哺乳期、孕期、幼猫、老猫、生病、手术后、新领养的猫咪，可以在猫粮之外补充适当的营养，提高免疫力。

营养膏：帮助室内猫补充稀缺营养和微量元素，增强体能。

钙片：钙片能强健骨骼，预防骨质疏松，加强自然免疫力。

化毛膏：猫咪舔毛时会将毛发卷入胃部，毛发在胃里积攒形成球状毛发，引发呕吐。化毛膏可帮助猫咪减少胃内球状毛发，让毛发排泄出去，减少肠胃负担。

卵磷脂：又称蛋黄素。它有美毛、降低胆固醇、脂肪，清除自由基的作用。当猫咪掉毛、毛发枯燥或猫咪年迈时，可适当补充。

益生菌：帮助宠物减少体内氨类、滋养肠道益生菌，降低粪便异臭。益生菌作用是调整肠道内有益菌活性，不能根治原发病。

牛磺酸：牛磺酸是猫咪日常饮食必需摄取的一种氨基酸，对猫咪的眼睛、心脏、大脑、肠胃、免疫力等有一定好处。

猫不能吃什么

大部分宠物猫整天都待在家里，日常生活中的东西被它们误食都可能造成呕吐、腹泻、萎靡，甚至危及生命。

致命类

含酒精饮料

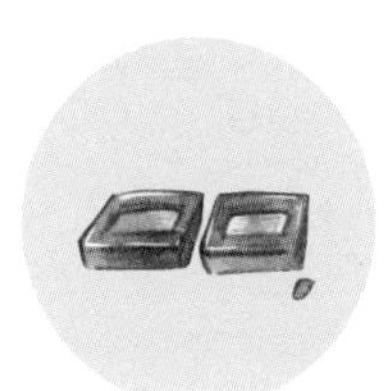

巧克力

青葱、洋葱

重疾类

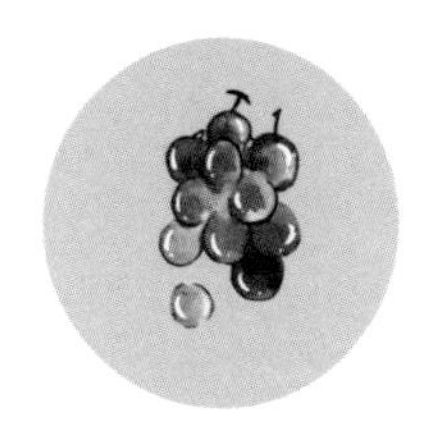

葡萄

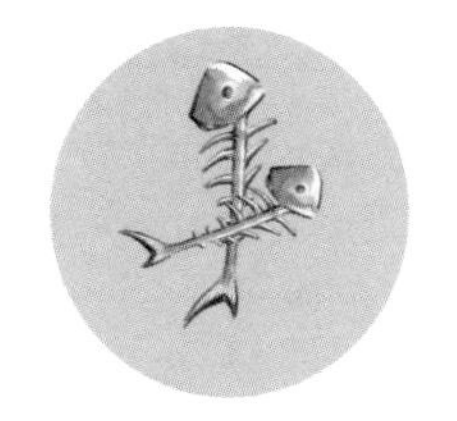

鱼刺

咖啡、红茶、绿茶

慢性影响类

有些食物猫咪非常感兴趣，吃了之后也不会有不适，但是长期食用会给猫咪的肾脏、泌尿系统或者发育带来一定影响。

牛奶

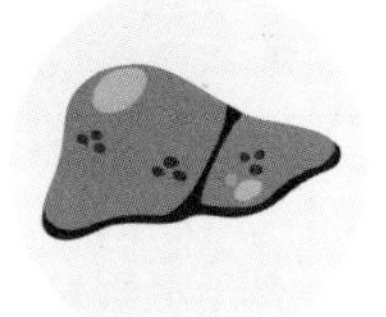

大量食用肝脏

小鱼干等海鲜

危险的盆栽

水仙花

绿萝

马蹄莲

大部分猫咪不会对家里的盆栽有太大兴趣，但是如果你的猫咪特别喜欢啃食家里的植物，就需要注意啦！很多盆栽猫误食后会引发呕吐、腹泻，严重时危及生命，一定要避免猫咪误食。

换粮攻略

如何给猫换粮

猫咪的肠胃脆弱，突然更换新的食物，很容易引起猫咪的肠胃不适，造成拉稀呕吐。那应该如何给猫咪换猫粮呢？猫咪的七日换粮方式，铲屎官们一定要知道！在旧猫粮里逐步增加新粮的比例，这样有利于猫咪肠胃对新粮的适应哦。

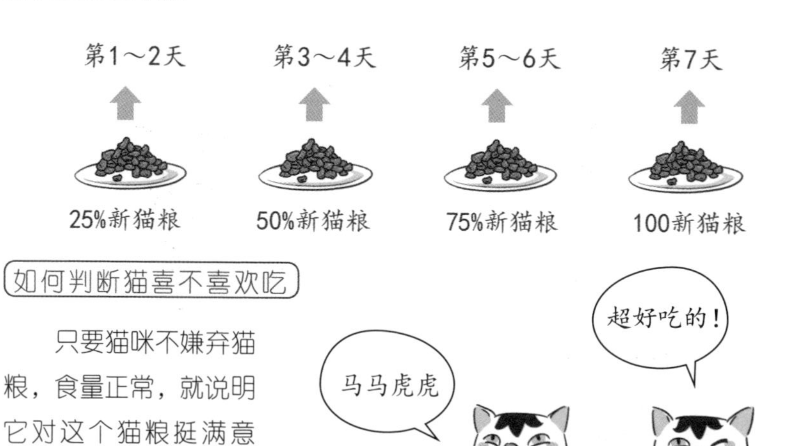

如何判断猫喜不喜欢吃

只要猫咪不嫌弃猫粮，食量正常，就说明它对这个猫粮挺满意的。观察猫进食后的表情，也能看出它是否喜欢刚才的食物。

TOOL

自动喂食器

自动喂食器最好选择水和食物分离的。水和猫粮离得太近，容易让猫粮受潮变质，影响猫咪健康。

自动喂食器不仅能按时喂猫，还能控制猫咪食量，避免猫咪过度肥胖。高级的自动喂水装置还有净化水质的功能。

自动喂食器

猫砂和猫厕

猫砂是用来掩埋猫咪粪便和尿液的物体，大部分猫咪天生就会使用。市面上常见的猫砂种类有：膨润土猫砂、松木猫砂、水晶猫砂、豆腐猫砂、混合猫砂(膨润土+豆腐砂混合)。目前性能相对较好的猫砂是混合猫砂。

猫厕是用来装猫砂的容器，可以用普通的大号塑料盆，也可以购买专用的猫砂盆。

自动猫厕所

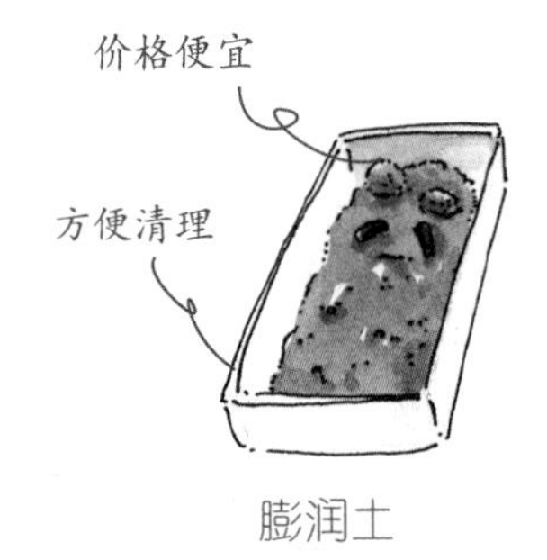

膨润土

半封闭厕所

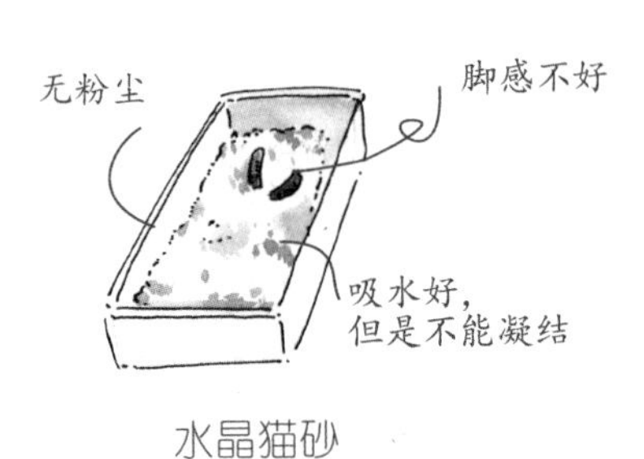

水晶猫砂

全封闭厕所

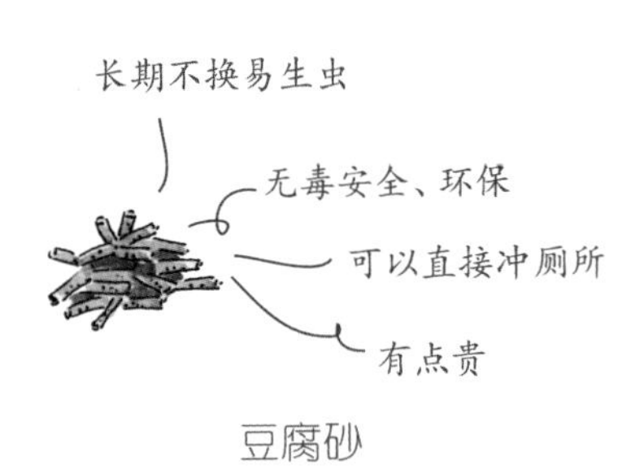

豆腐砂

养猫基础布置图

猫粮应与水分开放。避免猫在喝水过程中将水溅到猫粮上。猫粮添加应该少量多次，避免底部猫粮受潮发霉。

猫碗尽量挑选浅色盘子，如果猫的牙龈出血，能及时发现。

猫厕应放在干燥通风处（误区：有些人习惯将猫厕放在厕所，造成猫砂受潮，容易滋生细菌）。

猫爬架属于消耗类物品，使用时间从几个月到几年不等，根据家庭收入情况挑选。

猫厕应放在干燥通风处。

误区：有些人习惯将猫厕放在厕所，造成猫砂受潮，容易滋生细菌。

①猫粮应与水分开放。避免猫在喝水过程中将水溅到猫粮上。

②猫粮添加应该少量多次，避免底部猫粮受潮发霉。

③猫碗尽量挑选浅色盘子，如果进食物时猫牙龈出血，能尽快发现。

TIPS

也可以使用一次性饭盒+白盘，下面的饭盒一次能装约一周的猫粮。

猫咪的其他用品

猫窝

给猫咪买的所有东西中，猫窝是最有可能派不上用场的一个了。你会发现除了猫窝，猫咪愿意睡在任何地方！

将封闭式的猫窝摆在温暖通风的地方，位置最好离铲屎官相对近些，再放上带有猫咪气味的毛巾，和几件你不要了的旧衣物，也许猫咪会赏脸在猫窝睡下来。

猫爬架

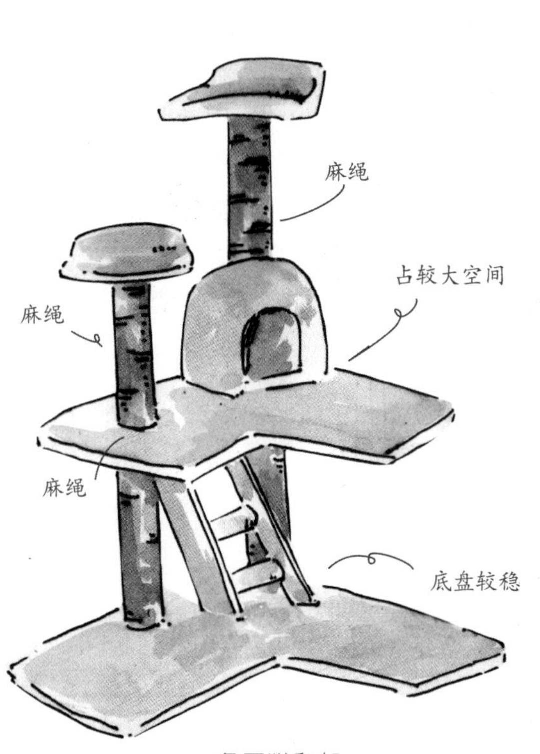

多层猫爬架

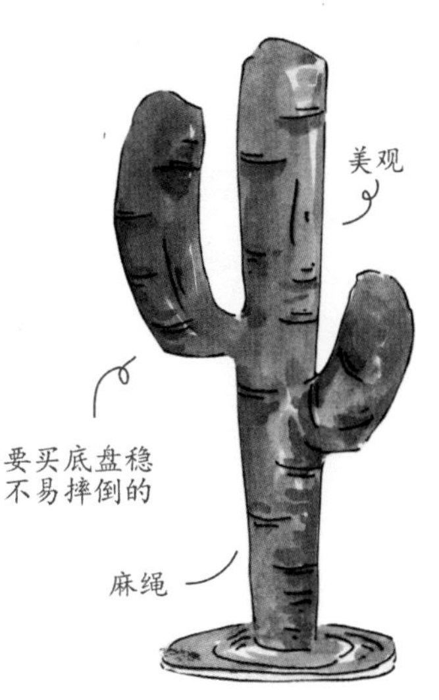

仙人掌猫爬架

猫爬架属于消耗类物品，使用时间从几个月到几年不等。根据家庭收入情况挑选。

简易猫爬架

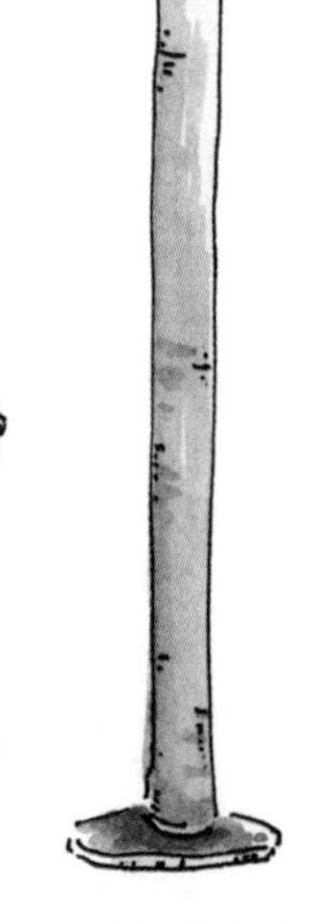

通天柱猫爬架

猫包

外出包

外出包质地柔软，有些猫咪会很喜欢，但不推荐成年猫使用。当猫咪成年后，体重增加，外出提起猫包，柔软的包会因为太重而变形，挤压到里面的猫咪。

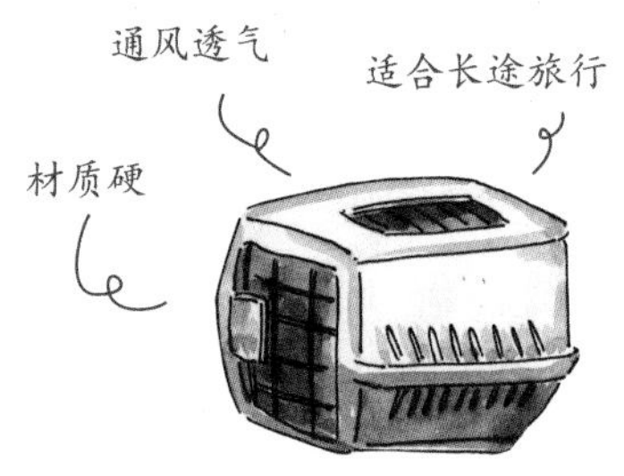

航空箱

航空箱外壳坚硬，我们可以在航空箱里垫上柔软的毯子，让猫咪在旅途中更加舒适。

TIPS

短时间外出可以选择普通猫包，如长途旅行或运输必须选用结实的航空箱。

猫玩具

逗猫棒

猫玩具的购买要慎重再慎重。除了逗猫棒、红外线等少数玩具外，很多玩具猫主子玩几天之后，就再也不想玩了……给猫咪玩耍之前最好先自己使用几天，蹭上自己的味道，这样猫咪更容易接受。

有猫后如何保持卫生清洁

消毒剂的选择

要选择宠物专用消毒剂，或者使用婴幼儿的消毒液，稀释后使用。

清理猫尿痕迹

一般情况下，铲屎官根据气味便能确定猫尿的大体位置，也可以使用紫外线照射辨别。在紫外线下可以看到家具上、墙上、地毯上的黄色污渍，那就是猫尿。

猫尿如果不正确清理，甚至会变得更难闻。更糟糕的是，猫咪会重复在尿过的地方尿下去。铲屎官可以用专用清洁剂或用去猫尿味的泡腾片加水后喷在猫尿上，能有效去除猫尿味，喷洒后再正常清洗即可。

TIPS  

许多人类使用的清洁剂对猫咪来说非常危险，比如洁厕剂、漂白粉、洗衣粉、柔顺剂，常见的84消毒液对猫咪有毒，滴露对某些猫咪的呼吸道黏膜有刺激作用。

TIPS  

注意买含有生物酶的猫尿清洁剂，这种清洁尿渍比较好用。

猫砂盆的清洁

每天早晚各铲屎一次，同时打扫猫砂盆周围的地面上散落的猫砂哦。铲屎官要记得每周彻底清洗猫砂盆一次，倒掉旧猫砂，如果猫咪拒绝在新猫砂里上厕所，可以在新猫砂表面撒上一层原来用过的猫砂，有猫咪熟悉的气味就会进去啦。

猫毛的清理

养猫的朋友应该深有体会，每当春秋换季的时候，房间里飘荡着猫毛，地上翻滚着一团一团的毛球。脸上、衣服上沾着灰乎乎的猫毛，就连喝一口水，茶杯里也静静地飘着几根无辜的猫毛。

有人说，“猫一年只换两次毛，一次换半年”。面对这样的猫主子，铲屎官只能自己勤快点了。

祛毛用品介绍图示

掉毛季要经常给猫咪梳毛，建议一周四次。床上、沙发上的猫毛可以使用无绳吸尘器＋滚轮清理。地上和地毯上的猫毛，可以用湿的海绵拖把清理。对付空气中的猫毛，多通风换气，有条件的建议使用空气净化器。

猫窝的清洁

第一步，去除多余的猫毛。第二步，用吸尘器把螨虫，甚至跳蚤和卵都吸出来。不要以为猫窝就只有猫毛，螨虫也到处都是，如果不及时清理的话，可能会造成耳螨、猫咪呼吸过敏等问题。

喵星人的一天

早上4:30

醒来，巡视领地。前往水源处饮水，发现储存食粮的地方没有吃的了。

早上4:50

排便，仔细掩埋干净，环视四周，确认安全。

早上4:50—7:00

想把铲屎官踩醒，最后还是打消了这个念头。跳到高处，守卫领地和熟睡中的铲屎官。

早上7:00

看到按了闹钟继续赖床的铲屎官，忍无可忍，用猫爪把她叫醒。

早上7:20

跟在铲屎官身后，监督铲屎官补充食物、清理猫砂盆，并大声责备铲屎官起床太晚。

早上7:30

和铲屎官一起吃完早餐。

早上7:30—9:30

目送铲屎官出门，独自训练捕猎，勇敢击退各种入侵者。

早上9:30—12:30

累了，去阳光下睡一觉。

中午12:30

随便吃了几口，思考那个铲屎官究竟去哪了？

下午13:00—18:00

睡觉——醒来舔毛——继续睡觉——巡视领地一圈——继续睡觉。

下午18:00

铲屎官回来，高兴地把入侵者尸体送给她，炫耀战绩——她大叫了一声，然后颤抖着拍了拍我的头。得意ing！

下午18:30—21:30

吃完晚餐，跟铲屎官一起看电视，用她取暖，陪她玩。

晚上21:30—22:00

排便，进食。

晚上22:00

在沙发上打瞌睡。

凌晨01:00

疲惫，确认食物水源，入睡。

凌晨01:30

还是不放心，起来再巡逻一次。

第二章　九命猫，脆弱又坚强

——猫的疾病及预防

常见疾病

猫常见传染病——疫苗的重要性

猫咪五大传染病

猫披衣菌肺炎

猫披衣菌肺炎是由鹦鹉披衣菌所引起的高传染性疾病。通常有以下症状：第一，因是上呼吸道感染，所以出现咳嗽、打喷嚏等症状；第二，具有结膜炎特征；第三，呈轻度发热，转变成慢性后呈现继发性、渐进性沉郁，食欲不振，咳嗽及打喷嚏等症状。

猫泛白细胞减少症

猫泛白细胞减少症，又称猫瘟，是由猫细小病毒引起的高度接触性急性致死性传染病，传染性极高，病死率也极高。主要通过直接接触和污染饲料等间接途径经消化道传染。也可经由吸血昆虫或蚤类传染。妊娠母猫感染后还可经胎盘垂直传染给胎儿。幼猫最易感染此症。临床症状见厌食、抑郁、精神极差、呕吐、腹泻、突发型双相高热，白细胞显著减少，且有出血性肠炎病变。死亡率25%～75%。

猫鼻气管炎

猫鼻气管炎有一个让广大铲屎官闻之胆寒的名字——“猫鼻支”！猫鼻支是一种具有极强传染性的上呼吸道急性传染病，临床上以喷嚏、流泪、结膜炎和鼻炎为特征。

病猫初期体温升高，呈明显上呼吸道感染症状，不时咳嗽、喷嚏、流泪，眼鼻分泌物增多，开始为浆液性，后为脓性分泌物。继之精神沉郁、食欲减退，有的出现溃疡性口炎、全身皮肤溃病、肺炎及阴道炎等。一般幼猫较成年猫症状严重，致死率可达58%。如有继发感染，致死率更高。

猫鼻气管炎

猫白血病

猫白血病的病原为猫白血病病毒，本病可藉由长期亲密接触含有病毒源唾液或分泌物水平传播，或是母猫经由垂直传播感染子代。但此病能感染任何年龄、品种的猫咪，尤其是幼猫。

感染急性期可能出现发热，精神食欲下降，痢疾，淋巴结肿大等情形。

猫杯状病毒感染

猫杯状病毒主要侵犯猫的上呼吸道，表现为双相发热、浆液性和黏液性鼻液、结膜炎、精神沉郁，有的猫可

听到呼吸音。病程1～4周。感染猫杯状病毒发病率高但死亡率低，15周至6月的幼猫若感染此病，则会表现为病毒性肺炎，甚者因呼吸困难而死，有些则会出现神经症状。

猫咪传染病预防方法

新生幼猫通常从母猫的乳汁中得到抗体而获保护，母猫应在生产前先做疫苗免疫。当母猫乳汁中的抗体消退后，为持续并增强对疾病的抵抗力，应为猫咪打疫苗。

疫苗接种须知

目前国内有两种核心疫苗，一种是国产的，为猫二联，预防猫瘟、狂犬病两种病毒；另一种是进口的，为猫三联，预防猫瘟、猫鼻支、猫杯状三种病毒。

①一般4月龄以下幼猫首次免疫3针，超过4月龄首次免疫2针。第1针疫苗的作用只是在猫咪的身体内释放一个信号，使猫咪自己的免疫系统能够认识病毒，第2针疫苗才是真正建立起对病毒性疫病的免疫防护系统。猫咪打完疫苗满1年后还要再去宠物医院接种加强疫苗。

②体质差、营养不良的猫，最好先改善体质、加强营养，身体健康后再接种疫苗。

③猫咪染病时不能接种疫苗。若此时接种疫苗，会由于疫苗反应加重病情，也可能由于机体有疾病，使疫苗不能产生良好的免疫反应。

④怀孕母猫如果要接种疫苗，需打灭活疫苗（具体咨询医生）。

⑤饲养在家中的猫，仍须接种疫苗。因为家中主人外出，可能会把病

原带回家，使猫咪感染疾病。

⑥尽量避免绝育手术与接种疫苗同时进行，最好在手术2周前接种疫苗。

⑦接种期内避免与患有传染病的猫咪接触(一般是接种疫苗1周后才会产生免疫力)。如果猫咪在接种疫苗前，与患有传染病的猫咪有过接触，半个月内不可以接种疫苗。

⑧猫咪8周以前不建议接种疫苗。此时猫咪可能还没有彻底断奶，“母源抗体”会对疫苗的效果产生影响。

⑨刚到新家的猫咪不建议立即接种疫苗，需要观察半个月以上，身体无异常情况才能接种疫苗。

⑩一般驱虫和打疫苗不冲突，但建议分开做，尤其是内驱。

猫咪接种疫苗后需在医院观察20分钟后才能离开。如果猫接种疫苗后出现过敏反应(脸部水肿、呼吸急促、瘙痒等)要请医生及时脱敏。接种疫苗后1周内不要给猫咪洗澡，以免造成猫咪免疫力下降。

TIPS

疫苗注射在猫咪哪儿

通常猫咪接种疫苗为皮下注射，一般是接种于后脖颈处的皮下，也有注射在腿部或者尾巴的。

呕吐——原因有很多种

猫咪为什么会呕吐

这是一个很常见又很复杂的问题。

每个铲屎官都或多或少地经历过猫咪吐粮、吐毛、吐猫草。但是，呕吐仅仅是一种表现，能引起呕吐的疾病很多，随便列一些都有一二十种：体内有寄生虫、误食导致的消化困难、吐毛球、对特定食物过敏、结肠炎、胃炎、胃肠道溃疡、肠阻塞、肾功能衰竭、肝功能衰竭、神经系统疾病……

最常见的呕吐原因——毛球

毛球是猫咪呕吐最常见的原因，有明显的特征：呕吐物是潮湿的一团毛发。猫吐毛球的时间并不固定，每只猫在不同的状态下吐毛的时间各不相同。

但一直干呕，看不到吐出的毛发，或者呕吐太频繁也是很危险的。

TIPS

铲屎官容易分辨的呕吐原因

对于铲屎官来说，能帮忙确认的，大多是急性呕吐（短时间内频繁呕吐）的情况，如：猫咪是否吞食了异物，最近是否更换过猫粮，猫咪是否有接触过有毒物质，最近是否喂食过生肉或保存不当的食物，是否有按时驱虫，最近是否有较大的环境变化（压力也可能是猫咪呕吐的原因）？

发现猫咪呕吐时，如果无法确认具体原因，可以先将猫咪的

呕吐物拍下来，记录呕吐物的形状、颜色、气味，再询问医生具体的原因。尤其是猫咪在短时间内出现连续、剧烈的呕吐，应及时送往医院就诊。

腹泻——不可轻视的症状

没有经验的铲屎官看到猫咪拉肚子，一定会很慌乱，不知所措。究竟是什么原因导致猫咪拉肚子，以及对应的解决方法有哪些呢？（如猫咪连续拉肚子不见好转，应及时就医。）

应激反应

突然换了生活环境，会导致猫咪精神紧张，感到恐惧（尤其是幼猫和胆小的猫咪），造成情绪型腹泻。

解决方法：可自愈，多陪它们玩，保持猫咪心情愉悦即可，不要刺激它。

食物不耐受

食物不耐受是猫咪拉肚子常见的原因，突然更换粮食、增加新种类粮食、肉吃多了，都会导致猫咪拉肚子。

解决方法：停食4小时，保证饮水充足，吃原来的粮食，不另加新食物，禁食肉罐头等难消化的食物。

寄生虫作怪

如果猫咪拉稀并伴随着血丝，可能是寄生虫在作怪。

蛔虫经常引起幼猫的腹围增大，黏膜苍白，渐进性消瘦，食欲降低，体重下降，呕吐，先腹泻后便秘。绦虫会导致猫咪在地板上蹭来蹭去。如果在猫咪垫上、肛门的皮毛或粪便中发现约米粒大小的节片，即可做出诊断。

如猫咪出现拉肚子、肠炎、呕吐、不思饮食等情况，还需要考虑是否感染了球虫。

解决方法：给猫驱虫。

TIPS

怎么知道猫咪有没有寄生虫呢

观察猫咪是否消瘦、食欲如何，若都不正常，又没有驱虫过，很有可能是寄生虫引起的拉稀带血。

肠炎或猫瘟等疾病

若明显感受到猫的精神状态很差，没有食欲，铲屎官就要谨慎对待了，尤其是幼猫。幼猫腹泻过久容易造成脱水，危及生命！

如果猫咪上吐下泻，要警惕是否是猫瘟作怪。猫瘟虽然难治，但不是不治之症，只要治疗及时就有痊愈可能，要尽早发现尽早送医。

解决方法：立刻去看医生。

驱虫重要性——常见体内外寄生虫

寄生虫是猫咪常患疾病，其中体内寄生虫对猫咪的影响极大，且不容易被主人察觉，所以建议给猫咪定时驱虫。

绦虫

绦虫是经受到感染的食物传染给猫咪的，感染初期并没有明显的症状。但严重感染时，猫咪会出现食欲下降、呕吐、腹泻、或贪食，继而消瘦、贫血、生长发育停滞。当虫体成团时，就会堵塞肠管，造成猫咪肠梗阻、套叠、扭转，甚至穿肠致死。

钩虫

钩虫对于猫咪而言更具危害性，一般是猫咪吃了具有感染性的幼虫或中间媒介而造成的。钩虫病的临床症状并不明显，主要为贫血、黏膜苍白、局部皮肤出血、体力衰退、食欲不振、下痢，小猫感染后有时会排出混血之黏液便或具腐臭味的咖啡色泥状便，情况严重会导致昏迷和死亡。

弓形虫

猫咪是弓形虫的终末宿主，当猫咪感染弓形虫时多为隐形感染。

猫咪感染弓形虫分为急性和慢性。急性主要表现为厌食、嗜睡、高热、呼吸困难等，有些会出现呕吐、腹泻、过敏、眼结膜充血、对光反应迟钝，甚至眼盲。怀孕猫咪若感染弓形虫可能会流产，不流产的胎儿在出生后数日内也会死亡。慢性弓形虫感染表现为厌食，体温在39.7～41.1℃徘徊，发热期长短不一。有的猫会出现腹泻，黄疸虹膜发炎，贫血。中枢神经系统症状多表现为运动失调、瞳孔不均、视觉丧失、抽搐等。

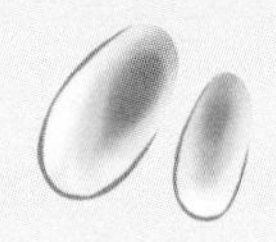

球虫

球虫一般是由于环境卫生不良和饲养密度过大而导致的寄生虫病，高发于高温高湿的季节。它们一般寄生在猫咪的小肠和大肠黏膜上皮细胞里，轻度感染并不会有明显的症状。但重度感染者在感染3～6天后会发生腹泻或排出带血液的粪便。猫咪会出现轻微发热，精神沉郁，食欲减退，消化不良，贫血等症状。患病的猫咪会因为极度衰竭而死亡。

蛔虫

蛔虫一般是猫咪吃了受到污染的食物或水而感染的寄生虫。当蛔虫还是幼虫时，被感染的猫咪会因为幼虫移动引发肺炎，表现为咳嗽、流鼻涕等。蛔虫成虫寄生在猫咪的肠道里，吸收宿主消化的食物中的营养。当蛔虫在幼猫体内大量寄生繁殖时，会造成幼猫发育不良。另外蛔虫的虫体较大，容易对猫咪的肠黏膜造成机械性刺激，阻塞肠道，引起腹泻和腹痛。虫体若是大量堆积在小肠，还可能引起猫咪肠阻塞、肠套叠甚至穿肠致死。

对于不同的体内寄生虫有不同的驱虫药物和治疗方法，铲屎官一旦发现猫咪出现身体不适，有感染体内寄生虫的可能性，一定要将猫咪送往医院，以免悲剧的发生。

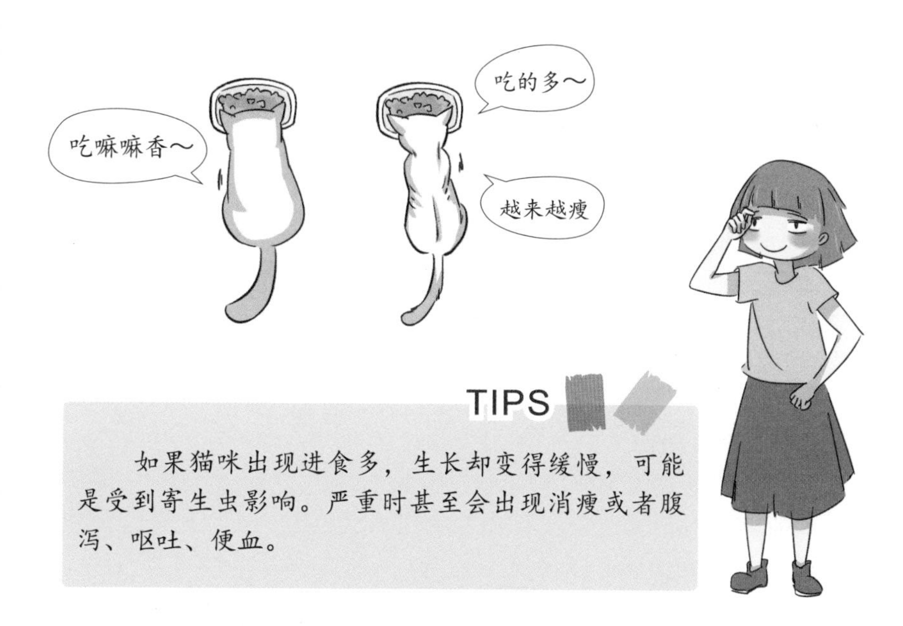

TIPS

如果猫咪出现进食多，生长却变得缓慢，可能是受到寄生虫影响。严重时甚至会出现消瘦或者腹泻、呕吐、便血。

猫咪驱虫的药品

猫咪驱虫药分为体内驱虫药和体外驱虫药，当然也有体内外同驱的。体外驱虫药一般是滴剂和喷剂，喷剂需要喷全身，滴剂只需要滴在猫咪的后脖颈。

注意使用的两个要点：

①滴在猫咪舔不到的地方(一般是脖子)，以防猫咪舔食；

②把毛拨开，尽量滴在猫咪皮肤上，以保证药效。

猫咪驱虫的时间

猫咪一般在42天左右就可以进行首次体内驱虫了，体内、体外驱虫最好分开做，效果会好一些。如果猫咪体质较弱，铲屎官担心的话，可以待它强壮一点的时候再驱虫。

一般情况下体内驱虫3个月1次，体外驱虫每月1次（6个月以内建议体内驱虫每个月1次，体外驱虫每月1次。如果猫咪生活环境非常干净卫生，不怎么外出，吃生肉少，那么可以选择3～6个月做一次驱虫。

若居住地区蚊虫较多，有散养的猫咪，或有遛猫习惯，可以适当提高驱虫频率。

猫咪天天待在家里，仍需要体外驱虫

有些体外寄生虫的幼虫阶段肉眼难以看见，等到肉眼可见成虫的时候，体外已经有好多寄生虫了。铲屎官的衣服、鞋子都有可能把室外的寄生虫或虫卵带回家，家中的沙发地毯也可能藏匿寄生虫和虫卵（尤其是跳蚤），蚊虫叮咬（可能会传染心丝虫）或喂食生肉也可能感染寄生虫。

猫咪驱虫后的反应

猫咪驱虫后可能会有呕吐、食欲不振、拉稀等不良反应，可以禁食4小时，其间正常喂水。

为什么吃药或者进食的时候猫咪会哭

猫咪在吃东西的时候，由于个别食物的气味对其产生刺激，会不自觉地流出眼泪。有的猫咪鼻泪管比较短且弯曲度大，如异国短毛猫、苏格兰折耳猫、波斯猫之类的大脸猫，更容易流眼泪。

猫常见眼部疾病

结膜炎

结膜是富含血管的黏膜组织，在白眼球上面那层薄薄的膜就叫结膜，一旦受到刺激或感染就会充血肿胀。症状：流泪、畏光、眼睛红肿、结膜充血。如果分泌物多，结膜炎的可能性更大。

TIPS

结膜发炎，猫咪会抓挠眼睛，最好戴头套。

白内障

因遗传、某些疾病或生理状况导致眼睛晶状体的变化，由透明水晶状变得浑浊。

泪溢症

有些猫咪的眼角总是湿湿的，好像有眼泪流出来一样。症状：猫咪眼睛下方的毛发被染成茶褐色。

视网膜炎

猫咪视线不清，无法对障碍物位置做出正确判断。

角膜炎

角膜是在眼球最前面的透明组织，当角膜发炎时，角膜的透明度会发生改变，看起来雾蒙蒙的。症状：眯眯眼、泪光、畏光、抓眼睛等。

导致猫咪得眼疾的诱因

先天遗传因素、病毒感染、细菌感染、寄生虫感染、并发症、被其他动物挠伤或刺伤、烟熏、灰尘等都可能会引起眼部疾病。

TIPS

怎么给猫咪滴眼药水

① 遇到虚弱或难搞的猫咪，可以用毛巾将它裹起来，只露出头部。

② 为了防止戳到猫咪眼睛的事故发生，铲屎官握着滴管的手应该总是靠在猫的头上。这样，如果猫突然移动，可以迅速地移开滴管。

③ 有的猫会因害怕闭上眼睛，此时可以将眼药水滴在其眼缝处，然后轻揉其眼皮，促进药水吸收。

④ 点药水后可以投喂一些小零食。

猫常见皮肤病

猫咪皮肤病难以根治且复发率特别高，不仅影响猫咪的身体健康，而且还会传染给其他健康的猫咪，家人也会因此而遭殃。所以，一旦发现家养的猫咪有皮肤病，一定要及时送往医院治疗。别盲目相信自己的判断，蒙对了还好，蒙不对猫会恨你。

猫咪皮肤病发生的原因

①感染：寄生虫、霉菌、细菌等。

②过敏性：食物性、接触性、吸入性等。

③内分泌性：甲状腺，肾上腺功能异常。

④营养不良：缺乏某些营养物质。

⑤免疫功能异常。

⑥心因性过度舔毛。

猫癣

猫藓是一种因真菌感染所致的皮肤病。

症状：瘙痒，片状脱皮、脱毛，环形病变（圆形脱毛斑在向外扩散的同时，中心已经开始愈合，脱毛斑边缘可见结痂），通常没有征兆。感染毛发断裂，参差不齐，毛茬可能变粗。长毛猫感染癣菌时，脱毛和及其他症状通常非常轻微。皮屑和结痂有时没有，有时很严重。

预防：室内潮湿阳光不足会诱发猫癣菌的生长，室内保持通风干燥很重要。猫癣多见于营养不良和体弱多病的猫咪，增加营养增强免疫力是预防的关键。注意：这种疾病会传染人。

猫耳螨

这是一种在猫咪身上常见的害虫，各年龄段的猫咪都会受到影响。主要病因为耳螨寄生在耳道中。

症状：耳道内出现红褐色或黑色的干燥咖啡状分泌物。皮肤会有严重的瘙痒和局部过敏反应。一般集中在耳道，头部和颈部，严重的情况可能全身瘙痒。耳朵的瘙痒表现为用后腿挠耳朵或甩头。

预防：日常中可以用洗耳水清洗猫耳朵，洗澡后要把耳朵擦拭干净保持耳朵干燥。尤其要定期对猫咪进行体外驱虫，有的体外驱虫药是有驱杀耳螨的作用。

猫粉刺

猫粉刺俗称黑下巴，通常发生于成年猫或老年猫，幼猫较少发生。猫咪下巴部位会有黑色分泌物堆积，就像人类的黑头粉刺一样，病因大多与猫咪本身毛发清理工作不良有关。近年来的研究发现，猫粉刺与使用塑料食盆有相关性，因此可以使用其他材质的食盆，降低粉刺发生率。

症状：在猫咪下巴会有很多黑色小颗粒的堆积。如猫咪的下巴总是

脏脏的，且若有继发感染时，就可能会出现下巴肿胀、结节、红疹、痂皮。

预防：

①保证猫咪所处环境的清洁；

②猫粮要避免过于油腻；

③勤梳毛，梳毛也能减轻猫咪的日常掉毛问题，一举两得；

④使用宠物专用药浴对猫咪下巴进行洗护。

外部寄生虫

外部寄生虫是因跳蚤、蜱和螨等寄生虫感染所导致的。

症状：大多数外部寄生虫会引起皮肤瘙痒。跳蚤对过敏性猫常表现瘙痒性粟粒状皮炎，伴有结痂脱毛。损伤部位常在头颈部、背腰荐区、股部和下腹部。蜱通常出现在耳朵和指趾间，也可出现在其他部位。蜱接触区出现严重结节也可造成肢体麻痹。体表可直接观察到蜱。

预防：春夏季是跳蚤、蜱的高发期，平时尽量少接触草丛花坛和流浪猫狗（流浪猫身上经常发现大量虱子跳蚤）。宠物睡觉的毯子等物品，要经常使用消毒水浸泡清洗然后太阳曝晒。最重要还是要给猫咪定期使用体外驱虫剂（每月1次）。

过敏

过敏是免疫系统对物质过度、异常的反应，但这种物质通常不会在体内发现。只有小部分猫咪是先天性过敏。相反，大部分猫咪接触到异物几周、几个月，甚至几年后，才可能会形成过敏源。因此，过敏在小于1岁的猫身上并不常见。

猫的过敏途径可分为3种：食物过敏、环境过敏以及呼吸道吸入过敏。接触性过敏是另一种形式的过敏，在猫咪中较少见。与人类不同，猫咪的过敏性皮肤炎主要的过敏表现是搔抓，呼吸道症状(打喷嚏、哮喘)并不是猫咪过敏最常见的症状。

猫咪食物过敏性皮肤炎，是食物或食物添加物引起的过敏反应，如果反复给予过敏性食物，会加重过敏症状。这类过敏性皮肤炎可能发生在任何年龄。不过，猫咪的过敏性皮肤炎发生率最高的是环境过敏如跳蚤，其次才是食物性的。

症状：瘙痒是猫常见过敏迹象。过敏通常会引起脸部、颈部、尾尖、尾基部以及腹部的刺激。受影响的猫咪经常咬、抓、擦自己的脸，或过度舔舐，有时还会流鼻涕或流泪。

预防：尽量吃猫粮，避免多元化的食物饲养（许多食物会导致猫咪过敏）。远离草丛花坛，环境保持干燥整洁。

TOOL

伊丽莎白圈

当猫咪受伤、手术或涂药后，我们可以给它佩戴伊丽莎白圈，防止它抓咬伤口或舔舐药物。项圈分为两种，一种为半透明的塑料做成，价格较为便宜；一种为布料制成，质地柔软。

肠胃敏感

肠胃敏感的猫咪没有患上任何疾病，身体健康，精神食欲均很正常，但是极易发生腹泻、呕吐症状。除此之外，肠胃敏感的猫咪食量跟同年龄层的猫咪没有太大区别，但是发育缓慢，毛发干枯无亮泽，体重较轻，严重时还会出现贫血、血小板偏低的情况。这些现象都是因为猫咪的肠胃脆弱，吸收差，营养不能够被及时吸收。肠胃敏感的猫咪需要铲屎官更多的关心和照顾。

肠胃敏感的猫咪常给人瘦弱的感觉，因此有些铲屎官会想办法给它们补充营养。其实这样做不但没有好处，还会降低它们的肠胃吸收能力。铲屎官可以选择一些营养又容易消化的食物喂食，或用一些营养品来调理它们的肠胃，但是要注意给猫咪食用的量，不能给它们吃太多。

饮水方面要注意不能给猫咪喝生水。喝白开水比较好，并要注意保持水的清洁和新鲜。

猫咪外伤

当猫咪受伤时，铲屎官会着急得如热锅上的蚂蚁。那猫咪外伤后该如何处理呢?

判断是否去医院就医

下面几种情况立即送往医院就诊。

①伤口又大又深，并且流血不止。

②和别的宠物打架造成的咬伤。虽然伤口不大，但是伤口较深，容易感染化脓。

③伤口在大腿根、腋下、关节处等猫咪不喜欢别人触碰的地方受伤。

哪些外伤可以自行处理

猫咪调皮，难免会磕磕碰碰，轻微的外伤猫咪的自愈能力就能轻松搞定。如果伤口不大不深，只需铲屎官稍微处理，过不了多久伤口就能恢复。

如果遇到自己处理不了的严重问题，一定要及时送医，不要延误时机哦！

喵星人受伤应该怎样处理

①用生理盐水进行冲洗消毒，然后用无菌纱布擦干。

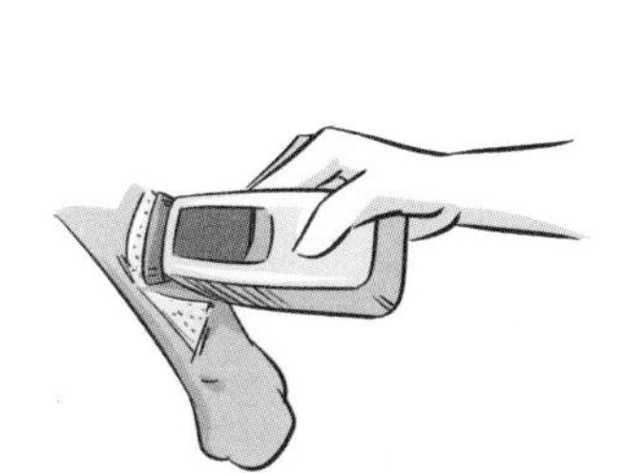

②猫咪打架抓伤，处理前先剪毛。

③不流血的伤口处理后撒点药，等待猫咪自愈就好。正在流血的伤口就要消毒后先用绷带包好，送往医院。已经感染的伤口注意不能包扎，直接送往医院就医。

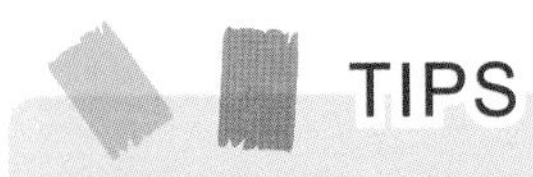

TIPS

若猫咪不配合处理伤口，铲屎官要怎么做

猫咪不愿意配合处理伤口时，铲屎官可以用毯子或者毛巾将猫咪全身裹住，特别是四只爪子！然后只掀开猫咪受伤的地方，让另一个人来处理猫咪伤口或者进行急救。如果只有一个人来给猫咪处理伤口的话，那就把喵星人裹起来后，将毯子或者毛巾四个角系起来，再进行伤口处理。

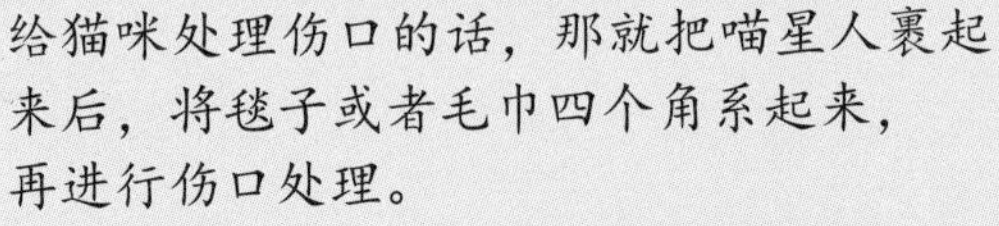

伤口处理后，给猫咪补充营养，减少运动，有利于猫咪的伤口恢复。

其他疾病

癌症

淋巴肉瘤是淋巴系统的癌症之一，与猫白血病毒有关，是最常见的猫科癌症,可在肠道或者胸腔出现病变。淋巴肉瘤的表征有：不明皮下突起、肿胀、持续不断的皮肤感染、嗜睡、体重下降、突然跛行、拉肚子或者呕吐、异常的呼吸困难、乱拉乱尿。而鳞状细胞癌则是较高发的一种癌症，尤其是白猫。

如果猫咪不幸患上癌症，铲屎官最好跟医生咨询后对症治疗。

下泌尿道综合症

下泌尿道综合症包含了一系列可影响猫咪膀胱和尿道的疾病，如果不及时治疗是有可能致命的。

猫咪下尿路感染常见表现包括：拒绝使用砂盆、努力尿尿却未见尿液喷出、过分清洁屁股或者尿血。如果铲屎官见到以上一个或者多个症状，同时发现猫咪小便排泄困难，那么就要警惕起来，赶紧联系医生。

猫传腹

猫传腹全称是猫传染性腹膜炎，是一种为人熟知的“猫绝症”，由猫咪的冠状病毒突变引起的。目前虽然有相关药物可进行治疗，但仍有复发风险（复发可能性较高）。而冠状病毒十分常见，80%的猫咪都是冠状病毒的携带者，但只有很少的个体会发生突变。

对1岁以下的幼年猫咪来说，“传染性腹膜炎”是一种比较高发且病死率较高的疾病。在猫咪出现应激反应的情况下，一旦感染了传腹，随时可能爆发导致死亡。很多铲屎官因为不了解猫传腹的临床症状，错失了救治的最佳时机，甚至直至痛失爱猫的那一刻，都不知道猫咪到底得了什么病。

传腹分两种症状

①渗出型（湿性腹膜炎）：部分猫咪可能会食欲减退，精神萎靡或是发热、腹围增大。后期发病会出现腹水、胸水、黄疸、贫血等症状，较好诊断。

②非渗出型（干性腹膜炎）：部分猫咪会出现神经症状，比如晃脑袋、眼球震颤、眼前方出血、葡萄膜炎、身体不协调等。

一旦猫咪出现以上症状，一定要及时带它去就医。早一天诊断，猫咪就多一份获救的机会。很多传腹病例就是因为铲屎官误以为猫咪只是消化不良或者腹胀，错过了最佳治疗时机。

如何预防猫传腹

①尽量降低饲养密度，群居猫咪感染冠状病毒概率较大，降低感染冠状病毒概率有利于预防猫传腹的发生。

②对群居猫咪进行冠状病毒的筛查，发现阳性尽量隔离。

③减少猫咪的应激反应，避免频繁改变猫咪生活环境、饮食或其他原因的刺激。

怎么给猫咪喂药片

给猫喂药是一个不小的挑战。主人可以先尝试将药放入猫咪喜欢的食物中，有的猫会吃隐藏在食物中的药粒，但是有些猫会将药粒吐出。这种情况下，就需要猫主人学习一下如何给猫安全喂药了。

猫主人可以将猫的头部倾斜来强迫喂药。首先将猫搂入怀中，用手抓住猫的颈让其向上看，然后用手打开口腔，迅速将药粒放入口腔深部，就是舌根底部，然后迅速合上猫嘴，猫会下意识地吞咽把药粒食入。如果是液体药物，可以借助注射器，记得千万不要插针呀！将注射器吸入足量的药液，然后控制住猫打开口腔，也可以请别人协助控制，将药液注射器插入两侧后牙附近将药液推入，猫的头要向上，防止药液流出，可以一次少量，分多次喂食。

绝 育

绝育手术

绝育手术是一种不可逆转的断绝生育能力的手段，猫咪分雌性和雄性，所以在绝育手术上也会有所不同。

雄性手术方式：将睾丸切除，称之为去势手术，手术时长10～20分钟。

雌性手术方式：将子宫卵巢完全切除或保留卵巢切除子宫，手术时长40分钟左右。

最佳绝育手术时间

猫咪4～6月，是比较稳妥的绝育时间，母猫发情前做绝育手术可以降低乳腺肿瘤发病率，但也要结合自家宠物的情况并听取医生建议。小于3个月的宠物做绝育手术感染的风险很高。

绝育手术优缺点

既然是手术必定有创伤和风险。要不要给猫咪做绝育一定要客观结合自身情况、家庭因素和猫咪的身体状况来看，不要觉得泯灭人性而疑虑排斥，也不要一味盲目跟风去绝育。下面介绍一下绝育手术主要的优缺点。

绝育的优点

①避免发情时的不当行为。猫咪发情时，会有很多不当行为。公猫会为了寻求母猫到处乱跑，与其他猫咪打架，嚎叫啼哭，喷尿划地盘；如果是母猫，则会发出尖锐的嚎叫，并且到处乱蹭，还会为了寻找公猫而到处乱跑甚至离家出走。做了绝育手术之后，猫的精神状态较稳定，可以在一定程度上避免这些不当行为的出现。

②避免发情时的困扰。猫咪在发情的时候往往会表现得十分紧张、烦躁，同时会有闷闷不乐、食欲下降的情况出现。做了绝育手术之后，便能使猫猫免受发情时的这些困扰，从而恢复原来的活泼天性。另外，对于公猫来说也会改掉用喷尿发泄的习惯。

③减少疾病的发生。对于公猫来说，绝育最直接的好处就是避免患上生殖系统疾病。对于母猫来说，绝育可以降低患上子宫蓄脓、子宫内膜炎、卵巢囊肿、卵巢肿瘤、乳房肿瘤的概率。

绝育缺点

①麻醉风险。

②易发胖。

TIPS

相关费用

公猫绝育大部分是套餐，血常规化验费+麻醉费+留置针费用+术前针+消炎针+手术费，总费用因地区而异。

母猫绝育也是有套餐的，单项多了几天消炎针止痛针，手术费一般价格在250～400元之间。如果有生化等化验的话可能会达到500～1000元。

绝育流程

选医院，并提前接种疫苗

如果决定给猫咪做绝育手术，那第一件事就是选医院。一定要选择正规的医院，具备一定的保障。除此之外，建议在疫苗接种成功2周后再进行手术。

术前一周准备

①全身体检。

②剪指甲（洗澡可选但不是必要）。

③清扫家里卫生，包括死角，喷上消毒药水以免术后伤口感染。

④换豆腐猫砂（普通的猫砂灰尘较大，对伤口愈合有影响）。

⑤备1～2个伊丽莎白圈替换使用，也可以买甜甜圈形状的软圈（防止舔伤口)、宠物尿垫(术后小便失禁）和猫外出箱。

⑥有条件的也可以买术后罐头，比一般的罐头营养高，肉质细软。

手术当天准备

①手术前8小时禁食，4小时禁水（以免术中胃内的食物逆流气管，引起窒息或者呕吐）。

②把猫咪交给医生不需要像网上说得那样演戏，会吓到猫咪的。

术后观察期1～2周

术后

滴宠物专用眼药水，防止眼睛干涩，15分钟滴一次到醒来为止。为让猫咪苏醒刺激尾尖和耳尖都是不推荐的做法，好的麻醉可以控制麻醉量，手术过后猫咪会自然醒来。手术之后猫咪舌头伸在外面、偏着头、留着口水的，都是麻醉时间过长，有一定风险。

术后3周内避免让猫咪外出，以防接触外面的细菌引起伤口感染。

术后1小时

尿垫铺好把喵咪平放在箱子中，头偏向一侧防止呕吐、窒息。

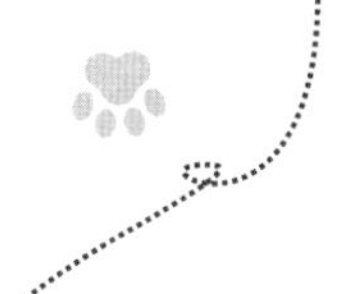

术后8小时

手术后8小时才可以吃东西喝水（等麻醉药完全代谢，防止发生意外）。

术后24小时

猫咪在24小时内可能会恶心或不适。受麻醉影响，猫咪意识不太清醒，这段时间可能会容易攻击人。

TIPS

伊丽莎白圈佩戴：公猫佩戴1周以上，母猫2周以上。伊丽莎白圈一定要佩戴好（用透明胶带缠绕、防止意外脱落），防止舔咬伤口或缝线，其间主人千万要忍住不要一时心软酿成大错。

术后1周

注意观察猫咪的伤口愈合情况，一般术后1周内伤口就会出现结痂。

给猫咪用止痛药、消炎药之类的要遵从医嘱，不要自己随便用药。

术后2周

伤口已经逐渐愈合。

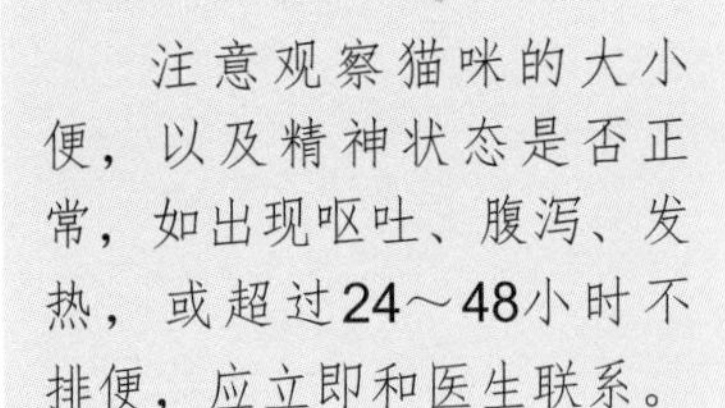

TIPS

注意观察猫咪的大小便，以及精神状态是否正常，如出现呕吐、腹泻、发热，或超过24～48小时不排便，应立即和医生联系。

术后3周

3周后基本上痊愈。公猫相对于母猫来说伤口恢复得更快。如发现伤口有异常出血、红肿，应及时告知医生。

TIPS

如何判断麻醉药效已过

可以轻轻吹猫咪眼睛，没反应表示还在药效中。

牙齿护理

猫咪跟人一样，都需要定期刷牙，才能保持口腔健康。当你觉得猫咪的嘴巴有臭味，或是猫咪有流口水的状况时，就要特别注意猫咪的口腔健康。

一般而言，3岁以上的猫咪85%有牙周病。牙周病是一种缓慢发生的口腔疾病，会造成牙齿周围组织发炎，是造成早期掉牙的主要原因。有牙周病的猫咪吃硬的干饲料时会咀嚼困难，牙齿不舒服造成它们食欲降低，身体也逐渐变得虚弱。另外，当有厚厚的牙结石附在牙齿上时，一般的刷牙方式无法将牙结石清理干净，猫咪就必须到医院麻醉洗牙了。

老年猫咪患口腔疾病的概率比年轻猫咪来得高，因为齿垢长年堆积，会造成牙周病，也因为中高龄的老猫免疫力下降，所以容易有口内炎。细菌在有牙周病的口腔内，会随着血液循环感染到猫咪的心脏、肾脏和肝脏，造成这些器官的疾病。

居家的口腔护理以及定期的洗牙可以预防牙周病发生，或是减缓牙周病的病程。

TIPS

最好从幼猫时期就让猫咪习惯刷牙的动作，这样猫咪才不会太排斥刷牙。一般建议，每天刷牙一次，通常需要一个月时间建立刷牙习惯。如果猫咪从来没刷过牙，或是讨厌刷牙，可以将牙膏或是口腔清洁凝胶涂抹在牙齿上，即使猫咪会舔嘴巴，一样可以达到刷牙的效果。

刷牙准备

①准备猫咪专用牙刷和牙膏。切忌用人的牙刷和牙膏（牙刷太大、牙膏有氟化物）。

②猫零食准备好。

③闻起来特别香的罐头。

给猫咪刷牙时要注意以下事项

①让猫咪处在放松状态。

开始刷牙前，先抚摸猫咪喜欢的地方（如脸颊和下巴），并说话安抚猫咪。等猫咪放松之后再开始刷牙。

②让猫咪习惯翻嘴唇动作。

还没开始帮猫咪刷牙时，可以经常帮猫咪翻嘴唇，让猫咪习惯这个动作，之后要帮猫咪刷牙就不会太排斥。

③不要勉强按住猫咪。

猫咪不愿意刷牙时，绝对不要强压住它，这个动作会让猫咪更讨厌刷牙。此外，大部分猫咪无法长时间做同样的事情，刷牙可以分几次来完成。

最开始可以只刷牙的外面，因为大多数猫咪不会接受你将刷子移到嘴里清洁里面。

④慢慢地给刷子增加一点压力，然后按照刷牙后臼齿的方式进行清洁，但这并不意味着你需要用力按压清洁牙齿。此外，如果猫咪变得紧张或者出血牙龈出血，需要及时结束这一过程。

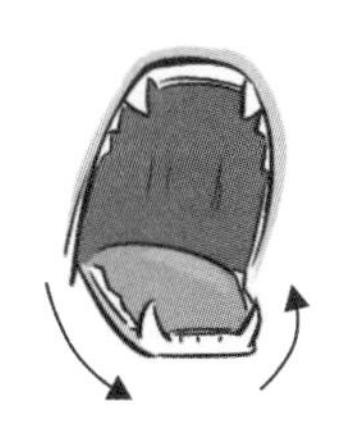

⑤刷完牙后要奖励猫咪。

刷牙后可以给猫咪爱吃的零食点心，或是陪猫咪玩逗猫棒，让猫咪知道刷牙后会有它喜欢的事，而不至于过度排斥刷牙。

TIPS 

如果你的猫咪不配合，你可以考虑用下面两种姿势。

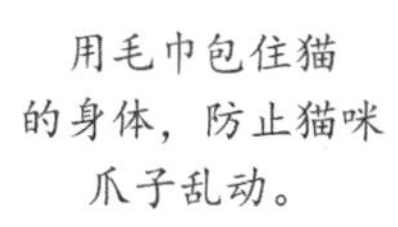

用餐式

骑虎式

清洁耳朵和眼睛

清洁耳朵

① 检查耳朵，看看有无发炎的迹象，有没有异常的症状。耳朵有臭味或者流脓发炎的症状，就要到医院检查，及时发现疾病及时治疗。

② 准备洗耳液，棉签，切记不能用自来水给猫咪洗耳朵。将洗耳液挤入耳道，打湿耳廓，轻轻揉猫咪的耳根，使得耳液和污物充分接触。猫咪会将耳道的污物甩出来，然后主人用棉签擦拭外耳廓（不能伸入耳道内太深），使得猫咪耳道干燥洁净。

清洁眼睛

对于人和动物来说，眼睛是身体非常重要的部位。猫咪眼睛的护理铲屎官一定不可忽视。有些猫咪的泪液比较容易积聚在眼部，铲屎官可以使用药棉，蘸取洗眼液之后，由内眼睑向外擦拭，以保证猫咪眼睛干净，不被感染。

一只健康的猫咪，铲屎官并不需要十分在意猫咪的眼睛，它自己会清洁的。如果发现猫咪的眼睛有分泌物，就用棉签沾湿眼药水，拭擦干净，注意别擦到猫的眼球。

对于长毛猫来说，眼睛周边的毛上有污物，要用眼药水拭擦干净。

给猫咪洗澡

如何让猫咪爱上洗澡

猫咪的第一次洗澡是一个试水的过程，不让猫咪对水产生恐惧是非常非常重要的！正确的洗澡方式能减轻应激，并很大程度决定着你家猫咪会不会抗拒洗澡。初次洗澡时，水温、搓洗力度、步骤、时间都会影响猫咪的印象。

怎么给猫咪洗澡

① 养成3～6个月给猫咪洗一次澡的习惯。很多猫咪前几次洗澡会很害怕吹风机的声音，平时可以把吹风机开着，让它们适应吹风机的声音。

② 给猫咪洗澡最好使用淋浴，注意水温不易过热，前几次的洗澡时间应尽量短。

③ 洗澡顺序按猫咪的颈部、尾部、腹部、四肢的顺序进行，最后清洗头部，冲洗时间不要超过20分钟，让猫咪慢慢适应。注意：不要让水进入猫咪的耳朵和眼睛，可以捂住猫咪的耳朵或者先在里面塞脱脂棉球。

④一边洗澡一边安抚猫咪的情绪，例如摸猫咪的下颌，让猫咪放松。

⑤ 给猫咪洗澡后，必须先用毛巾擦拭到八成干，再烘干或者用吹风机

吹干，一定要把所有毛发吹干。注意吹风机的温度不要过高。

⑥每次洗澡后可以给些零食或罐头奖励猫咪。

铲屎官助攻神器：洗猫袋

许多猫咪天生怕水，碰到水就能原地蹦三尺高，更别说洗澡了。即使你家猫咪不怕水，在洗澡时也难保不抓挠你，于是就有了“洗猫袋”这种神器。它的作用就是洗澡时把猫咪包裹住，让其不能随意动弹。

如何给猫剪指甲

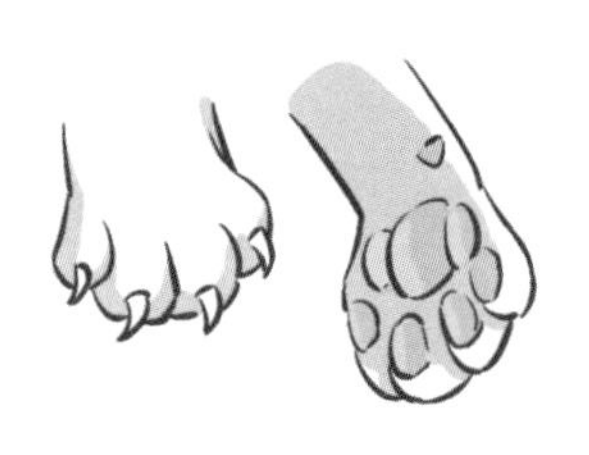

猫爪会不断地生长，所以猫咪都有磨爪的天性。它们会选择木柱、树干、椅子、地毯、门角等地方，使老化的爪尖脱落，使新的爪子更为锐利，在跳跃攀爬中能够起到摩擦减震的作用。

当猫咪成为家庭宠物后，它们不再需要狩猎与爬树。猫指甲过于尖利，在玩耍时难免会抓伤铲屎官，指甲过长，可能会不慎扎伤猫咪的肉垫，导致感染，所以需要铲屎官帮猫咪剪指甲。

除了剪指甲外，还可以配置一些其他的磨爪物品供它们选择，比如纸质猫抓板，剑麻的猫爬架等。

给猫咪剪指甲主要步骤

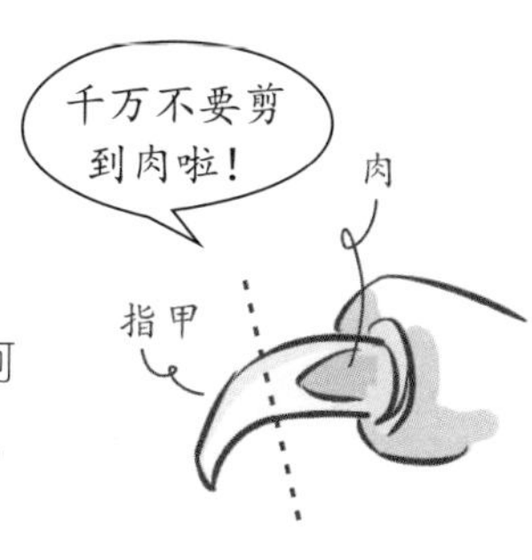

①固定猫咪。

有的猫咪对剪指甲没那么排斥，直接抱在怀里就可以，如果遇到很难搞的猫咪，可以选择两个人配合，或者用大浴巾把猫裹住。

②开剪。

人用的指甲刀很容易把猫咪的指甲剪劈裂，最好选择圆弧形的猫用指甲钳。剪指甲时可以配合美食诱惑，一个人剪指甲，另一个人投喂零食吸引猫咪注意力。

还可以趁猫咪睡着的时候，速战速决，如果被发现了，赶紧把指甲钳藏起来装作无事发生，等它睡着了继续剪。当然如果你还是怕被抓的话，可以选择全副武装自己。

当猫咪极其不愿意剪指甲时，请不要强迫它。平时和它玩耍时可以捏捏它的脚，让它习惯这个动作，知道捏脚是无害的。

剪完指甲之后可以给猫咪食物奖励。

如何让猫多喝水

喝水的重要性

猫如果缺水的话会非常危险。猫咪有4种常见的疾病，被认为和水分摄入量少有关：泌尿系统疾病、慢性肾脏疾病、糖尿病、甲亢。这些疾病，可能在猫咪年轻时不容易表现出来，一旦到了老年，猫咪的身体机能开始衰退，就会找上门来。尤其是肾脏疾病，几乎是老年猫的第一大杀手！

喝多少水合适

1千克体重的猫咪，每天最好喝55毫升的水。这当然不是全部由直接喝水摄入，食物中也含有水分。那该如何判定猫咪有没有喝了足够的水呢？

可以根据猫砂尿团的大小来判断，猫咪是否合喝了足够的水。3千克体重的猫咪，每天要有1～2个乒乓球大小的尿团就代表喝水喝够了。以最大值来算，每1.5千克的体重尿一个乒乓球尿团，5千克左右有2～3个尿团。如果猫咪“产团量”是这个数字，那就代表喝水喝得饱饱的。如果不是，就得考虑给它补水了。

如何让猫咪多喝水

猫咪的祖先来自沙漠，因为沙漠缺乏洁净、稳定的水源，所以猫咪渴驱力很低（口渴感不强）。那如何让不爱喝水的猫咪多喝水呢？

①提供好的水质。

保证提供的水是干净、安全、新鲜的，最好和铲屎官一个标准。不建议直接让猫咪喝自来水，里面的消毒剂成分可能刺激猫咪肠胃。可以把烧开的水放凉了后给它喝。

②多放几个水碗。

注意水碗不要放在猫砂盆或粮碗附近。可以在猫咪活动区域的不同地方放置水碗。如果你家猫爱喝你杯子里的水，不妨每天为它多准备几杯子水，摆在它常去的地方。

③提供流动的水。

相比于静止的水，猫咪更愿意喝流动的水。在野外，流动意味着新鲜，而静止的水大多含有超量细菌，这就是猫咪为什么对马桶水、水龙头水如此情有独钟。

使用流动的饮水机能使猫咪多喝水，但也要在规定时间内更换饮水机滤芯。并且饮水机存在漏电的风险，有利有弊。

④在水碗里“加料”。

大多数猫咪对肉汤感兴趣，比如鱼汤、鸡肉汤、蛤蜊汤等，里面溶解了多种氨基酸和牛磺酸，对猫咪有极大吸引力。也可以在水碗里扔进一小块肉，鸡胸肉、虾仁、牛肉都可以。因为猫咪喜欢吃肉，这样吃肉，就得把水喝完！加水的时候，别加太多哦。

⑤骗水妙计。

挖几勺猫咪爱吃的罐头（主食罐），在里面掺入水分，搅拌均匀，猫咪吃掉后也就摄入了充足的水。主食罐掺水，这是铲屎官们最常用的“骗水”方法。一般猫咪发现不了，不要加太多水就行。

也可以用肉代替罐头，建议新手用水煮肉。和罐头一个道理，肉里面有大量水分。

我病了，会不会传染给猫

人和猫分别属于不同科属，人属于灵长类，猫属于猫科动物，所以普通病是不会交叉感染的，除非是人畜共患病，比如旋毛虫、弓形虫病、钩端螺旋体、疥螨、狂犬病等。在不确定是什么病的情况下，建议做好隔离措施，以防相互传染。

第三章　好喵养成记

正确撸猫手势图解

无数人深陷撸猫无法自拔。撸猫虽然好处多多，但猫咪也是有个性的，如果让它不高兴，随时可能会给你一爪子哟。撸猫也是需要技巧的。

猫咪喜欢被摸的部位

脑袋

猫咪很喜欢主人摸脑袋，如果第一次接触一只猫咪，可以试着摸摸它的脑袋。

下巴

下巴别看短小，却是猫咪感官最直接的地方。猫咪自己没办法舔到下巴，当你摸它下巴的时候，它会根据你的手势舒服地仰头，表示可以多摸一会。

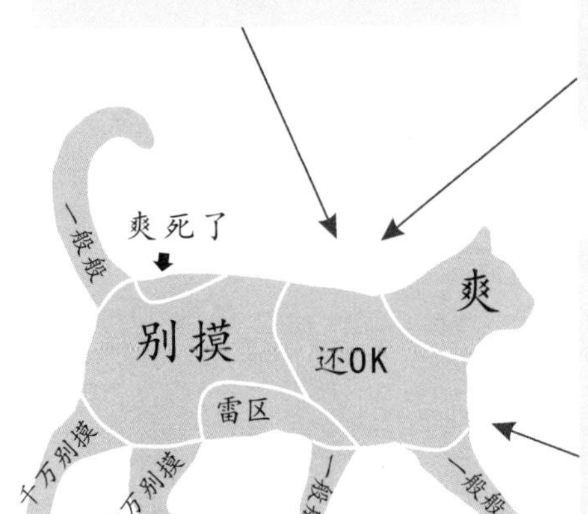

脖子

猫咪的脖子也是铲屎官不能放过的地方。不管是前后还是两侧，不管是给搓圆还是揉扁，它都很喜欢。

抱猫咪的技巧

错误的抱法

不要看猫小时候，母猫可以叼着小猫咪后颈的那块皮肉挪窝，就认为它大了也可以这么做，这是错误的！那块皮肉已经承受不起成年猫的重量了，这个动作会伤到成年猫筋骨和肌肉，造成拉伤。铲屎官也不能将猫的两个前爪托起来，会伤到猫的腿部后关节。

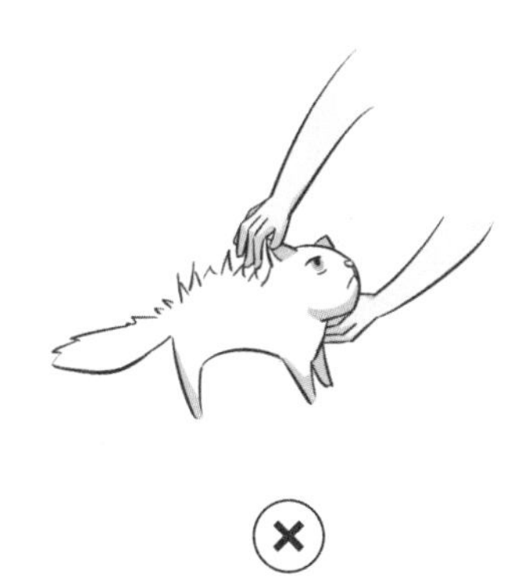

正确的抱法

铲屎官可以偷偷从后面或者侧面抱起它。猫咪是一种缺乏安全感的动物，抱的时候一定要托起它的屁股，让它有依靠感、安全感。

猫的肢体动作语言

猫咪跟人不一样，不会说话，但会利用肢体动作来表达情感。所以猫奴们更应该知道猫咪各种肢体语言的意义，才能更了解自己家的猫咪现在情绪究竟如何。猫咪的肢体语言，可通过脸部表情、耳朵位置、尾巴的摆动以及肢体动作来观察。

放松

这是我的

小心戒备

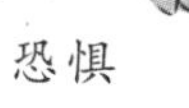

恐惧

担心

焦虑

恐惧

友好而放松

萌萌的喵睡神

猫咪的睡姿解读

我们还可以通过猫咪各种各样的睡姿，来揣摩它们的内心活动哦！

母鸡蹲

这是猫咪非常经典的姿势。身体端正地坐着，整齐地露出两个爪爪，就像母鸡孵蛋一样。这个姿势说明猫咪比较放松，但仍然是戒备状态，随时准备溜走。

农民揣

猫咪端坐着，把两只爪子紧紧藏起来，完全看不到肉垫，这就是农民揣姿势。说明猫咪此时比较警惕，对周围环境感到不安，随时准备逃跑。

翻肚皮

肚子是猫咪最敏感脆弱的部位，如果它肯睡觉的时候把肚皮露出来，说明它对你完全信任。

海螺卷

如果天气冷，猫咪也会缩作一团。

侧躺式

猫咪有时候也喜欢像人一样侧躺睡觉。

TIPS 

猫咪睡觉有时不闭眼还会身体颤抖、翻白眼

实际上，这个所谓的“白眼”是猫的第三眼睑，也叫做瞬膜。猫有时会半睁着眼睛睡觉，这时就有可能看到它的第三眼睑。瞬膜最主要的作用是清洁和保湿。在猫放松的时候，第三眼睑才会暴露出来。

猫的睡眠周期包含了快速眼动睡眠和非快速眼动睡眠。快速眼动睡眠时，猫的眼球会快速移动；同时身体肌肉放松，所以瞬膜会从眼角后暴露出来。另外，这个阶段的猫，眼睛有时候不会完全闭合，你就有机会看到它“翻白眼”了。猫在快速眼动睡眠时，也是会做梦的哟。

猫咪的睡眠时间

一只成年的猫咪一天要睡16个小时左右，但它们睡眠中有四分之三是假睡，即是打盹儿。所以，看上去一天16个小时猫都在睡觉，其实熟睡的时间只有4个小时。

猫咪的睡眠分深睡和浅睡两个阶段。深睡时，肌肉松弛，对环境中声响的反应差。一般约持续6～7分钟，接着是20～30分钟的浅睡阶段，此时，猫睡眠轻，易被声响吵醒。由于猫的深睡与浅睡是交替出现的，所以，猫睡觉时很警觉。

通常小猫和老猫的睡眠时间比壮年猫长，天气温暖时比寒冷季节的睡眠长，吃饱后比饥饿时睡眠长；睡眠最少时是在发情期，激素的作用使得猫顾不上休息，睡觉少也可以理解。

我们一起学喵叫

猫咪的语言解读

“喵喵”

较短的“喵喵”声，可能是看到你很高兴跟你打招呼；不停的喵叫，表示无聊想吸引你注意力陪它玩，或饿了在要东西吃。专家认为，虽然小猫会对自己的妈妈“喵喵”叫，但成年猫咪的这种叫声似乎是专门针对人类的，因为成年的猫咪之间不会通过叫声来进行普通交流。

“咕噜咕噜”

表示猫咪非常放松，感觉很舒适。但是当猫咪耳朵向后，瞳孔变大，身体绷紧时发出呼噜声，表示不喜欢你的触摸，想要摆脱。

“哈”或“嘶嘶”

表示威胁，进入攻击状态。

“嗷嗷”

表示猫咪发情了，如果不在发情期，或者没有其他并发身体症状，说明猫咪感到恐惧。

猫咪说“我爱你”的九种方式

猫咪表示好感的方式

①舔你，像舔其他猫一样。

②用尾巴绕着你，用头或身体碰你的腿，用耳背或脸蹭你。

③当猫卧在你的膝上，肯定是对你有“好感”，它不会跳到不喜欢的人的膝上。

④把爪放在你的手臂上是重申，它对你很有“好感”。

⑤它给你带礼物（如死老鼠），是表示它对你有“好感”，也表示它认为你是它的“妈妈”。

⑥猫“咕噜咕噜”地叫有很多原因，如果它在蹭你的时候这样叫，表示它真的很爱你。

⑦猫尾巴直竖是表示非常强烈的“好感”。你会发现当猫接近它不认识的人或猫时，尾巴是垂下的。

⑧当猫咪喜欢的人抚摸它之后，它会舔自己，品尝人的气味。

⑨如果猫咪与你对视，然后缓慢地闭上眼睛，这说明它给了你一个飞吻。如果你也对猫咪这样做，猫咪会很高兴。

努力学习
多抓老鼠

猫咪的八大“怪癖”

突然发疯了

有时候猫咪会突然发疯般在家里跑来跑去，有的猫咪不仅疯跑还会发出害怕的叫声。这种情况主要是3种原因造成的：猫身上有跳蚤、发泄多余精力、看到了猎物（比如小虫子）。如果铲屎官们并没有发现猫咪频繁用爪子抓身体的行为，那么一般不是跳蚤导致的猫咪在家疯跑，不用过分担心。

喜欢钻纸盒

在野外时，猫咪会选择一些隐蔽的洞穴或树顶躲起来。箱子的环境、形状接近于洞穴，相对来说也更暖和，所以当猫咪感到紧张、害怕时，就会在纸箱中寻找安宁和温暖。

窥视主人上厕所

有些猫咪像个粘人的孩子，希望铲屎官时刻陪在自己身边。当铲屎官消失在自己的视线中时，它们就会找寻。铲屎官上厕所时，它们会像个好奇宝宝一样，偷窥你，想知道你在干什么。

送“礼物”给你

当猫咪很喜欢自己铲屎官时，它可能会从外面叼小鱼、小老鼠、小鸟等“小礼物”给铲屎官。也可能是觉得自己能够捕获猎物，很了不起，想当你的面炫耀。或者它认为你不会捕猎，想承担“猫妈妈”的角色来个现场教学。

用爪子反复踩

许多猫咪都会用两只前爪在柔软的地方踩来踩去，像是在按摩，猫咪的这种行为被称为“踩奶”。家里的毛毯、沙发、被子、甚至是铲屎官的衣服，都能够成为猫咪“踩奶”的对象。

猫咪踩奶的行为是从小就形成的，当幼猫在吃奶的时候，会用前爪不停地按摩母猫乳头的周围，这样会刺激乳头分泌更多的乳汁。获得乳汁的同时，也会让幼猫感到舒适和安全。充足食物带来的幸福感、猫妈妈柔软温暖的肚子带来的安全感，成为了喵生重要而深刻的记忆，所以踩奶行为往往是在猫咪心情比较愉悦的情况下发生。

总是在舔毛，还舔屁股

猫咪一直舔舐自己毛发多半是在给自己清理卫生。猫咪很爱干净，但讨厌用水洗澡，于是舔毛来起到清洁的作用。舔毛还能调节猫咪的体温，夏天降温冬天保温。舔毛也能消除身体的异味，抵御天敌的捕杀。

喜欢“俯瞰众生”

家猫的祖先作为威风凛凛的丛林小杀手，它们喜欢站在全场制高点俯瞰众生。找准目标好下手，这也是为什么猫咪总喜欢往高处爬的原因。

把食物藏起来

在多数情况下，猫咪将食物“藏（埋）起来”是一种狩猎本能。在猫生活在丛林时，它们捕获猎物又不能一次吃完，便会将食物藏起来，留着下顿慢慢享用，有时藏食物的地点还有很多处。

但是猫进入家庭生活之后，尤其是在钢筋水泥的城市里，唯一能让它有安全感的藏匿地点就只有沙子了。当然，有些猫咪也会把食物藏在沙发底下，天热的时候就难免有异味了。

猫咪调教五大办法

呵斥法

猫咪犯错时，比如攻击你时，要呵斥它，并转身离开不再招惹它，不要打它。更不要立刻安抚它，这样是在鼓励它咬你。

喷水法

利用猫咪怕水的特点，可以朝它附近喷水来阻止它犯错，另外喷水器一定要放在触手可及的地方，经常重复这样的事情，猫咪就会产生畏惧，不敢再犯同样的错误。

食物+摸头鼓励

除了惩罚，鼓励与奖励更重要。每次猫咪配合你完成了某件它本不愿意的事情后，比如洗澡、剪指甲等，事后立马给予它零食或罐头，并摸头表扬它，让它将这件事情和正面反馈联系在一起。

气味驱逐法

猫咪十分反感一些东西的气味，如来苏水、除臭剂、香水、柠檬水、橘子水。可以利用这些东西对猫咪进行驱逐。

玩具法

猫咪玩具是转移猫咪注意力的好办法，也可以让它发泄精力，满足它啃咬的本能需要，还能培养它跟主人的感情。

有时间的铲屎官可以用家里现有的材料给猫咪自制玩具。

自制逗猫棒

材料：有弹性的棍子、绳子、羽毛、针线。

方法：将羽毛用针线缝成一小把，用绳子固定在棍子上即可。

自制磨爪球

材料：麻绳、球、热熔枪。

方法：用热熔枪将麻绳一圈一圈缠绕在小球上，待胶干就大功告成啦。

纠正猫咪的不良习惯

咬人或对人不友好

猫是一种攻击性非常弱的生物，假如你的猫咪有攻击性行为，不妨参考下列提示，寻找它咬人抓人的原因。

狩猎练习

猫咪小时候会在和兄弟姐妹游戏的过程中，不断学习咬合的力道轻重。所以对猫咪尤其是幼猫来说，扑脚和咬手是好奇也是捕猎天性。在家养猫咪的视角里，铲屎官的脚和手是它们能直接看到的移动物体，也就成为它们扑咬的首选目标。我们要做的是及时转移，正确引导，减少扑脚被咬伤。铲屎官准备一些玩具，发现猫咪有想冲过来扑脚的准备行为时（疯狂摆臀+瞳孔放大）或已经被猫咪扑到脚时，掏出这些“秘密武器”和它玩耍吧。

跟你玩闹

大多数时候，猫咪扑咬你是把你当成同伴玩耍。小猫咪在5个月左右开始换牙，牙根很痒，非常想咬东西磨磨牙。有人喜欢用手拿着食物喂猫或用手拿着玩具逗猫，小猫还没有学会缩爪子，不知轻重，一不小心就会抓伤人。

心情不好时被强撸

很多人在看见猫咪时都忍不住要伸手出来抚摸。对于陌生人，猫咪通常不会咬人，而是选择躲避。切忌强行抱猫或者撸猫，那样的话受伤概率就很高了。

TIPS

主人第一次发现小猫有抓人咬人行为的时候，就要趁小猫具备较强的可塑性时把它这个行为纠正过来，不能因为它小而舍不得惩罚它，不能容忍它带着这个习惯长成大猫，长大后再改就难很多。

记得被猫的牙齿咬合时不要突然将手抽离，这样做会使猫咪紧张而增加咬合的力度，也可能会造成拉扯的伤口。

猫咪的不良饮食习惯

偷食

发现猫咪偷吃东西时，铲屎官不用急着训斥，应先找到它们这么做的原因。先看看是否为猫咪提供了食物，若是有着充足食物还偷吃东西，就应该及时纠正这种不良习惯了。

①可以在食物的周围放满容易发出声音的物品，猫咪接近食物便会发出声音。有些胆小的猫咪会因为恐惧这种声音不再靠近食物。

②如果上面这点不能纠正猫咪的不良习惯，铲屎官可以采用前面所说的气味驱逐发、喷水法或呵斥法。

在猫咪尚未养成良好的习惯前，主人应该把食物放在猫咪触碰不到的地方，以防被偷食。

异常摄食

除了进食正常食物外，有些猫咪对其他东西也非常有食欲，如衣服、植物、墙皮、土块，这可能是猫咪体内缺少某种营养或体内有寄生虫所致。除了驱虫并重新调整猫咪的饮食结构外，还应采取一些方法来纠正猫咪的异食癖，如采取前面所说的气味驱逐法、呵斥法和喷水法。

挑食

猫咪挑食多半是下面几个原因造成的，铲屎官只要找对原因，一般能解决猫咪挑食的烦恼。

①食欲不振。

其实有时猫咪并不是挑食，只是因为生病或是其他原因导致食欲不振，当务之急不是整治挑食，而是要找出猫咪食欲不振的原因。

②总是吃一种猫粮。

猫咪总是吃一种猫粮，会吃腻的，自然就会变得挑食。有时猫咪变得对食物挑挑拣拣了，也要想一下是不是长时间没换口味的原因。

③被频繁喂零食猫罐头。

很多猫咪都爱吃零食，经常被喂零食，就不想吃主食了。

④忽然变换猫粮。

跟总吃一种猫粮相反，有些猫咪习惯了一种猫粮后再吃另一种猫粮也会挑食。遇到这样的情况可以将新猫粮与旧猫粮混合着喂，让猫咪一点一点适应。不过也有可能是新买的猫粮不如旧猫粮品质好，猫咪敏感的察觉到了。

⑤喂食环境改变。

如果换了新环境或者猫用品忽然被放在远离铲屎官的位置，可能也会引起拒食。其实这种拒食多半是抗议，至于最后铲屎官和猫咪谁能赢，那就看运气了。

撕咬家具

猫咪可能会撕咬家具，这是猫咪的天性。铲屎官可以选择购买猫抓板、磨牙棒，让猫咪的天性得以释放，这样才能减轻甚至杜绝猫咪撕咬家具的现象。

有一个更加直接防止猫咪乱抓的办法，就是之前说过的气味驱逐法。

第四章　特殊时期养护指南

奶猫养护指南

奶猫一般是指出生至3月龄间的小猫咪。养奶猫最好能够让猫咪吃完母乳、断奶了之后再把猫咪带回。猫咪吃完了母乳之后会有比较好的抵抗力，没有断奶的小奶猫非常容易生病，需要铲屎官仔细呵护。

如果因为一些原因，让一只不足3月龄的小奶猫走进你的世界，你该如何帮助它渡过危机四伏的奶猫期呢？

保温，迫在眉睫

对刚到家的小奶猫来说，最重要的事情就是保温！一定不要让它受凉。

打造舒适奶猫窝：在温暖干净、隐蔽安静且光线较暗的地方，用一个纸箱或是一个塑料盆，放上保温工具，上面铺上毛巾、毛毯、旧衣物等柔软质地的保温物，以防小猫被保温工具烫伤，有条件的话再铺上尿垫。

TIPS

如果家里有“原住喵”要注意隔离照顾。

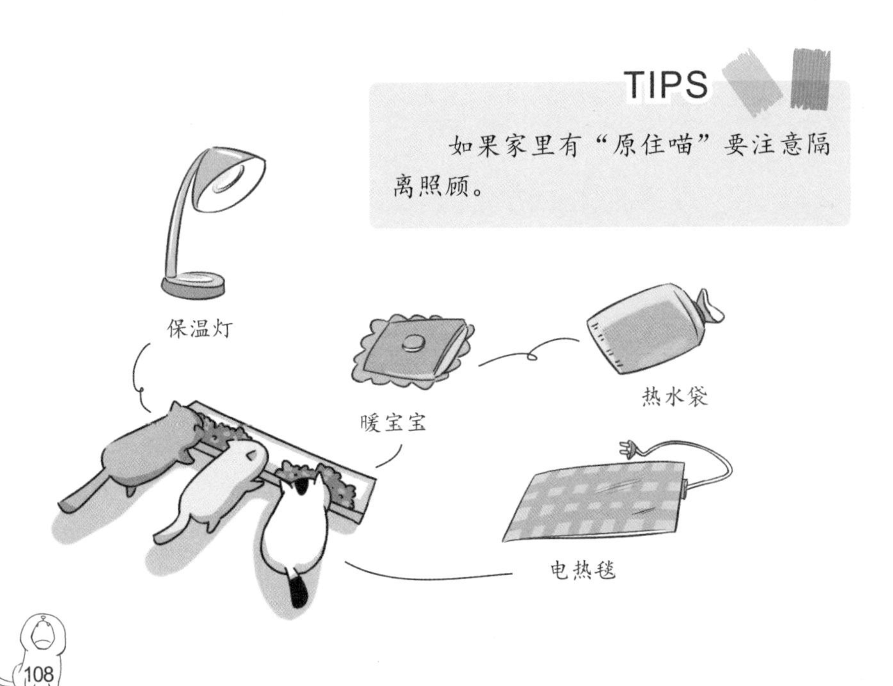

喂食，重中之重

猫吃什么

①最优选是找到有奶水的猫妈妈来进行喂养。

②猫用羊奶粉。

TIPS

①不可以喝牛奶。小猫咪的体内缺少消化乳糖的酶，如果喂牛奶，很容易出现乳糖不耐的症状。轻则上吐下泻，重则致命。

②被遗弃的奶猫体温过低时，先喂温热、浓度为5%葡萄糖水，促使肠胃工作，体温正常后再喂奶。

③如果意外捡到奶猫，一时买不到猫用羊奶粉，可以买舒化奶做应急之用。

怎么喂猫吃东西

喂食新生小猫一般可以用奶瓶、针管或滴管来喂食。

TIPS

①喂食的器具在使用前必须清洗干净，非一次性用品应沸水洗净晾干后使用。

②喂之前要先将奶滴在手背上确认温度（38.6℃）。

③遵循少食多餐的原则，降低小猫拉肚子、呕吐的风险。

喂食姿势

喂食的姿势非常重要，千万不要仰着喂，小奶猫会很容易呛到。

TIPS  

①发现有乳汁从奶猫鼻孔中喷出时，立刻停止喂奶。

②当奶猫出现咬奶嘴头或试图把头转开时，说明它暂时不饿，可以先停止喂奶，过一阵子等它开始“喵喵”叫的时候再加热继续喂。

奶猫体重

新生奶猫体重在90～110克，出生0～3周龄的小猫正确喂食后，小猫每天的体重会以7～13克的幅度增加。可以用食物电子秤称一下。一旦体重下降，那就是出现问题的信号，需要铲屎官更加留意奶猫的情况。

奶猫体重如果没有适当增加，可以增加喂食的频率，以达到每日应摄入的总热量。

助排，千万别忘

出生0～3周龄的奶猫需要人工刺激排泄，且刺激排泄最好是在喂完奶后。

一手抱起奶猫，一手用温水沾湿棉球或者纸巾，轻轻地擦拭生殖器和肛门口，并以手指轻拍奶猫的肚子，擦拭后会有尿液或便便排出。

一般来说奶猫每次都会排尿，便便可能会从一开始的2天1次增加到每天1次。正常情况下，奶猫尿液应该是淡黄色无味，如果尿味刺鼻，可能是奶猫脱水了，需要增加水的摄入量。奶猫的正常便便呈黄棕色。

小猫出生1个月后就可以在猫砂上大小便。

猫的年龄计算

猫年龄	相当于人的年龄	备注
2～4周	2岁	长乳牙
2个月	3岁	猫咪该打预防针喽
4个月	6岁	生出恒齿
8个月	11岁	可以给猫咪绝育了
1岁	15岁	
2岁	24岁	猫准备娶老婆
3岁	28岁	开始有牙垢
4岁	32岁	流浪猫的平均寿命
5岁	36岁	
6岁	40岁	
7岁	44岁	
8岁	48岁	步入老年
9岁	52岁	
10岁	56岁	
11岁	60岁	
12岁	64岁	
13岁	68岁	家猫的平均寿命
14岁	72岁	
15岁	76岁	
16岁	80岁	
17岁	84岁	
18岁	88岁	
19岁	92岁	
20岁	96岁	
21岁	100岁	稀有老寿星

那些“猫事”

猫会换牙吗

猫咪也会换牙。猫咪牙齿的生长发育有两个阶段，即乳齿阶段和恒齿阶段。在乳齿阶段，猫咪有26颗牙齿，到了恒齿阶段，猫咪就会有30颗牙了，多出来的是上下各2颗臼齿。

猫咪有肚脐眼吗

猫咪当然是有肚脐眼的。小猫在出生后，母猫会咬断幼猫的脐带，几天后脐带脱落，脱落的地方就会有一块圆圆的秃秃的小白斑。可以找一只性格温顺的猫咪，将猫咪翻过来使之肚子朝上，拨开毛发可以在猫咪肚子上找到一个没有毛的小白斑，这个就是猫咪的肚脐眼啦。猫咪的肚脐眼很小，而且周围有毛发遮挡，加之猫咪不喜欢肚子朝上，所以很多人没有见过猫咪的肚脐眼。

猫咪一胎能生几只幼崽

一般来说，正常的猫咪一次会产1～8个猫崽，产4～6个猫崽最为常见。根据猫咪的品种来分，生的数量也会不一样，比如波斯猫这样的长毛猫一般比较少。

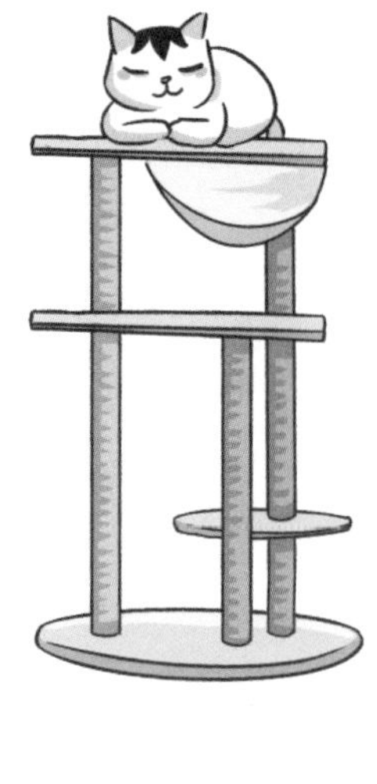

孕猫养护指南

如何判断母猫是否怀孕

猫咪的妊娠期通常为63～65天；据统计猫咪平均每窝产仔量为4～6只，根据品种不同，均值也存在一定变化。

妊娠第1～2周：孕猫变化不明显，体重小幅增加。

妊娠第2～3周：孕猫的乳头开始变大，颜色由白变粉，体重增加。

妊娠第3～4周：孕猫可能出现呕吐、食欲不振、嗜睡的情况。

妊娠第4～5周开始：孕猫腹部胀大明显，乳头变大呈亮粉色，常舔舐乳头加剧周围皮肤掉毛。

随着妊娠时间推移，孕猫对其他动物（猫、狗、小孩等）的容忍度逐渐降低，子宫扩张的不适与压迫感让其嚎叫频率升高。

医院检查

妊娠3～4周：可通过超声检查以确定猫咪是否怀孕，但超声无法确定孕猫的怀仔数。

妊娠22天：可听到胎儿心跳。

妊娠45天左右时：可以做B超观察胎儿状态，辨别胎儿是否健康。若是想要看胎儿数量和胎位需要借助X射线，但X射线存在一定辐射。

孕期养护

①怀孕初期，胎儿的增重比较慢，母猫不需要补充特殊的食物，也不要特别的护理。怀孕1个月后，可以开始给猫增加富含蛋白质的食物，如瘦肉、鱼肉等。产前1个月左右应在猫饲料中加入青绿蔬菜和钙制剂，如碳酸钙和葡萄糖酸钙，这有利于胎儿的正常生长发育。

②怀孕期应注意减少食物中碳水化合物的量，如淀粉、糖类，防止母猫和胎儿过于肥胖造成难产。如发现难产迹象，应及时找兽医治疗。

③怀孕期间，应让猫进行适当的运动，尤其在怀孕后期，更应注意让猫有足够的运动。这不仅有利于健康，还可促进分娩，既可以增加肌肉的张力，也可防止猫过于肥胖造成难产。

④怀孕期间，让猫多晒太阳，有利于钙的吸收。

⑤注意避免机械性的损伤，在洗澡、梳毛、抱猫逗玩时应小心，以防发生难产。

生产的前兆

①不太舒服，偶尔看腹部，明显不安。

②会寻找一个安静、舒适的地方准备生产。

③可能会出现喘气、喵喵叫、舔外阴部等症状。

④来回踱步，有做窝迹象，这个阶段一般会持续6～12小时。

⑤第一次生育的猫妈，产仔时间最长可达36小时。

⑥母猫的体温会比正常略低。

分娩前你需要准备的物品

母猫生产过程

母猫的生产持续时间通常为3～12小时，有的会超过24小时，每只小猫的出生间隔为10分钟至1小时。

如果猫妈没有力气将小猫身上的脐带咬断，铲屎官就得用棉线将小猫肚脐约1～2厘米处脐带扎住，从胎盘侧剪断，并用温水浸后的纱布擦拭小猫身体。

大多数的母猫会将胎盘吃掉，胎盘营养丰富，可以在分娩的过程中快速给母猫提供能量。如果一窝胎数很多，胎盘数量超出了母猫能吃的限量，母猫也会对胎盘很反感，并且不会吃掉它。也有些母猫吃掉胎盘过后，会出现呕吐。

一般母猫会自己把小猫清理干净并让小猫吃到初乳。小猫们也会有吸吮反射，开始踩奶刺激乳汁排出。

怀孕母猫出现以下情况请立即咨询兽医

①自然流产（最好就医）。

②怀孕超过67天。

③体温低于37.3°C或超过39°C。

④子痫——大部分发生在分娩后大约三个星期，有时在怀孕后期。症状为母猫的步态摇晃且僵硬，可能易怒、呕吐。这可能是致命的，需要立即向兽医求助。

⑤猫抑郁、虚弱或昏睡。

⑥小猫在产道里憋了10分钟以上且生不出来。

⑦宫缩4个小时以上，依旧未分娩。

⑧阴道分泌物如果浓稠且难闻的话，很有可能是有炎症。

⑨小猫的数量多于胎盘的数量（有胎盘未排除）。

⑩母猫不照顾小猫，把小猫叼出窝外。

⑪小猫看上去很虚弱，无法照料。

⑫母猫乳腺是热的、硬的或痛的（乳腺炎症状）。

⑬小猫一直吸乳头，不睡觉也不休息。

⑭小猫喝不足奶水。

产后照顾

母猫生完后，尽量不要打扰母猫照顾小猫，一般母猫会在生产后24小时内进食，铲屎官可给猫妈喂食温羊奶或宠物专用奶补充营养，给予怀孕母猫专用猫粮或者幼猫粮。此外，生产后母猫的食物也要加量，鸡胸肉、牛肉、鸡蛋统统可以加上，猫砂、食物、水盆都应放在猫窝不远处，母猫哺乳期间需要充足的水分。

假妊娠

铲屎官有时会发生母猫腹部增大、乳房中可挤出乳汁、筑窝等症状，怀疑母猫是怀孕了，但63天后仍不见产出仔猫，且身体已恢复原状。这可能是发生了“假妊娠”，是猫体内雌性激素作用的结果。发生“假妊娠”时，应及时请兽医诊治。

老年猫养护指南

家猫的寿命一般为13～18岁。8～10岁开始进入老年期。和人一样，猫咪随着年龄的增加，各项机能开始衰退，视觉、听觉、味觉、嗅觉等也都大不如前。不仅如此，猫咪在性格脾气上也会有些许改变。因此老年猫更需要我们精心照顾。

饮食结构

猫咪随着年龄的增加，食欲是呈递减趋势，新陈代谢也变缓，因此身体所需的卡路里也相对降低。但高质量、容易消化的蛋白质比以往更为重要，有利于维持猫咪的身体健康。

建议铲屎官可以给猫咪选择针对老年猫的猫粮，应该多加注意的食物硬度，适量补充钙、铁、维生素及其他微量元素。

性格

老年猫心态趋向平和，不再好奇心重，更喜欢安静，不再那么闹腾，对你挥舞的逗猫棒也兴致缺缺。如果家里要新来一只猫咪，建议不要选择在原住喵老年期时，因为小猫顽皮好动，而老年猫则偏好安静。此外，老年猫会变得更依赖主人（不一定表现出来），更难接受新猫。

家庭环境

老年猫睡眠时间增加，猫窝就显得格外重要了。注意猫窝的摆放位置，放在家中安静处，最好选择白天能微微晒到太阳但避开直射，夜间也很温暖的地方，猫窝以舒适柔软为主。

老年猫由于骨骼身体机能等原因不再像以前一样善于跳跃，所以猫窝最好直接摆放在地面，方便猫咪进入。猫砂盆也是一样，此外应增加清洁猫砂盆的次数，准备更大且不是很深的猫砂盆，方便猫咪爬进爬出。

医疗护理

老年猫最好定期进行体检。

特别注意事项

慢性肾衰竭、牙结石和齿龈疾病、肥胖、便秘、甲状腺机能亢进等是老年猫的常见疾病。

老年猫咪的牙龈也在衰老变弱，有时必须帮助它们清除牙结石。如有条件，应该给它刷牙，以减少牙龈发炎引起的细菌侵入。此外还要注意猫咪的听力和视力。经常用棉花清除过多的黏液，并清洁眼睛周围的皮肤，定期检查内耳道。

老年猫咪不像年轻猫咪那么活泼好动，但并不代表不需要运动，适量运动不仅可以降低猫咪的孤独感，让它知道主人还是一直喜欢它、在乎它的，同时也可以消除猫咪的压力，增强猫咪的食欲，减少肥胖，更有助于身体健康，但运动不宜过于激烈，每天十分钟左右便可。

第五章 特别篇 

你问喵答：关于猫的常见谣言

孕妇不能养猫

只要定期给猫咪驱虫，并且在孕期不要接触猫咪的粪便，那么孕妇从猫咪身上感染弓形虫的概率比中五百万彩票的概率还小，无需过分担心。

猫毛会被吸进肺里影响健康

总有人在换毛季节猫毛乱飞时来一句：“这猫毛都要被吸进肺里了吧。”

人类的呼吸系统有着很强大的防御机制，一根猫毛少说也有1厘米长，它如何能穿过我们的鼻毛成功地进入肺里呢？

猫有九条命，摔不死

因为这个谣言，无数无辜的猫咪坠楼身亡。

猫咪有很好的平衡能力，当它从空中掉落时，即使刚开始的姿势是背朝下的，在下落的过程中也可以迅速转过身来，调整好自己的姿势，准备着陆。

但是猫咪全身上下最弱的肌肉群就是颈部的肌肉，如果坠楼时它们的颈部肌肉无法承受头部的重力，就会造成严重伤害。所以千万不要再相信“猫有九条命”的说法了，生命对所有物种来说都只有一次。

猫需要吃蔬菜补充维生素

猫是肉食动物，跟人类的生理结构不同，不能从蔬菜和水果中获取维生素，所以不用刻意给猫喂蔬菜，这不仅对猫没有什么好处，反而会导致猫咪肠胃出现问题。猫咪身体所需要的维生素，都可以从肉类中获取。

猫就是要吃鱼

都说“猫吃鱼狗吃肉，奥特曼打小怪兽”。仿佛猫咪天生就该吃鱼，真的是这样吗？

鱼类中确实含有猫咪所需要的营养，鱼类的腥味也非常受猫咪的喜爱。但实际上无论从营养结构，还是猫咪的喜爱程度，鱼类并不比禽类更优秀。猫的祖先生活在草原和沙漠，它们都是以吃禽类和小型啮齿类动物为生的。

猫咪吃鱼还有卡刺的风险。每年医院都会接诊大量因为鱼刺而弄伤口腔甚至卡住喉咙的猫咪。严重时会造成猫咪牙龈损伤或消化道破损，无法正常进食，有些还需要手术来处理呢！所以喵星人实际上没有你想象中的那么聪明灵活。

TIPS

如果想给它们吃鱼肉，一定要先将鱼肉煮熟，摘除小刺和鱼骨，或者将鱼肉煮至酥软，鱼骨鱼刺也可以完全下咽时，再给猫咪食用。

猫有没有锁骨

猫有锁骨的，只是锁骨已经退化了。它们的锁骨已经退化成非常小一块，而且锁骨和猫身体的柔软性没有直接相关性。猫整个身体的关节和关节连接处，才是决定猫咪的柔软程度的关键因素。

猫咪睡眠时间很短

“夜猫子”的说法让很多人以为猫的睡眠时间很短，其实猫每天大约睡16个小时。也许你以为你的猫似乎花了一天的时间呆坐在窗台上，其实它是在睡觉。作为食肉动物，猫需要在紧张、短暂的捕猎上消耗大量能量，然后是长时间的休息。尽管大多数家猫已经不为捕食烦恼，但睡眠时间仍然很长。

猫宫秘闻录——那些名人猫奴

日本作家村上春树年轻时，曾经捡过一只猫咪来养。他穷困潦倒到难以果腹时，便带着猫去“化缘”。一旦到了那时，村上的猫就会显得格外乖巧可爱，引得女同学端出鱼汤和大虾来招待，这样主人和猫都能饱食一顿了。

摇滚歌星大卫鲍伊也是一名合格的吸猫者，他在1982年就专门为猫写过一首颂歌——《Catpeople》。

英国前首相丘吉尔十分爱猫。他养了一只大白猫，吃饭时一定要与猫共餐，否则就会食欲不佳，精神不振。丘吉尔有时就餐时爱猫不在，便打发佣人外出找寻，直到爱猫归来上桌后才开饭。

丘吉尔吸猫非常彻底，曾有报道说，丘吉尔看人是这样看的：如果喜欢狗，就给他加5分，如果喜欢猫，就给他加20分。

猫完全忠实于自己的情感。而人类，因为这样那样的理由，可能隐藏自己的感受。而猫则不会。

——海明威

溪柴火软蛮毡暖，我与狸奴不出门。

——陆游

当一个人爱猫，我就已然是他的朋友和伙伴，不需要更多介绍。

——马克·吐温

猫毛的利用

许多网友会把猫毛搜集起来，做成毛毡版的小猫。感兴趣的铲屎官可以一起试一试。

①将所需要的工具准备齐全，猫毛若干、海绵垫、扎针若干。

②首先来做头部。取适量的猫毛，尽量卷成一个椭球状。

把卷起的毛团放在泡沫垫上戳，在戳的过程中要转动球，哪里凸出来就戳哪里，直到戳成一个你心里想要的形状，且表面光滑不毛躁。

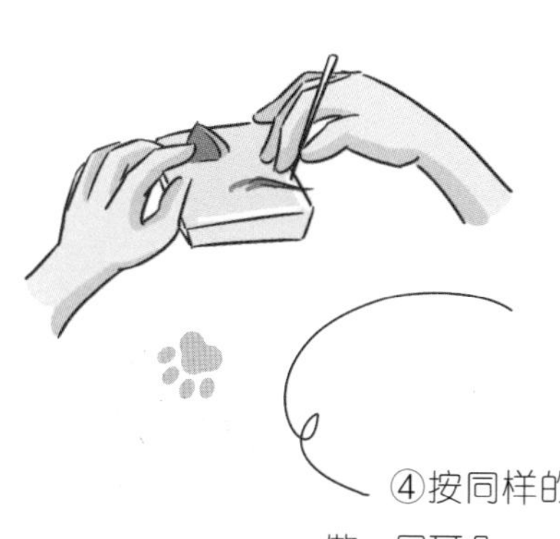

③接着做猫的耳朵。取适量的猫毛，折一个三角形。然后放在泡沫垫上戳，先戳一会儿使猫毛大概毡化，然后把边上的毛朝里戳，戳的同时注意整个耳朵的形状是上面有一点弧度的。

④按同样的方法，再做一只耳朵。

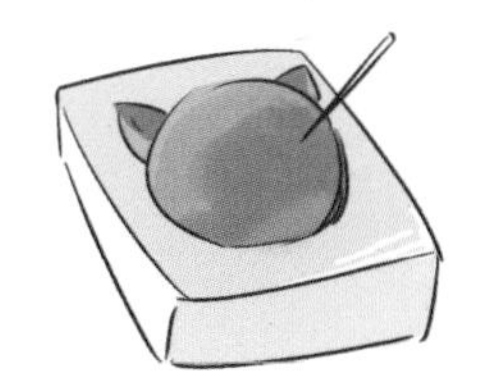

⑤把头和两个耳朵合在一起。把耳朵放在头的合适位置，在两者接触的地方加一点毛，不断的戳两者接触的地方，使耳朵和头连在一起。

⑥取适量黑线，用扎针扎进头部，做出眼睛。这一步需要非常细致。用同样的方法做出鼻子和嘴巴。

⑦取适量的猫毛，尽量卷成一个椭球状，用做头部的方法，做出身体。

⑧用同样的方法做出尾巴。

⑨用胶水将身体的各个部件拼接起来。

⑩大功告成!

戳针很尖锐要小心，不要戳到手了，会出血的。

图书在版编目(CIP)数据

不完全吸猫手册/彭彭,燕十三著.—上海:上海科学普及出版社,2021
ISBN 978-7-5427-7990-8

Ⅰ.①不… Ⅱ.①彭… ②燕… Ⅲ.①猫—驯养—手册 Ⅳ.①S829.3-62

中国版本图书馆CIP数据核字(2021)第107715号

统　　筹 蒋惠雍
责任编辑 柴日奕
助理编辑 蔡丽娟
特约编辑 陈艺端
封面设计 王培琴

不完全吸猫手册
彭彭　燕十三　著
上海科学普及出版社出版发行
(上海中山北路832号　邮政编码200070)
http://www.pspsh.com

各地新华书店经销　　上海丽佳制版印刷有限公司
开本787×1092　1/32　　印张4.25　　字数131 000
2021年7月第1版　　2021年7月第1次印刷

ISBN 978-7-5427-7990-8　　定价:39.8元